MINISTÈRE DU COMMERCE
DE L'INDUSTRIE & DU TRAVAIL

Exposition Internationale de Milan 1906

SECTION FRANÇAISE

Matériel et Procédés des Exploitations rurales

Classe 35

CLASSIFICATION ITALIENNE

Groupe 62

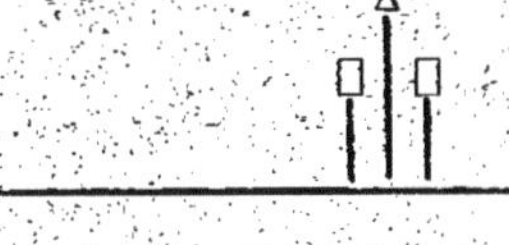

RAPPORT

PAR

M. G. LEFEBVRE-ALBARET O ✠ ✠ ✠
Vice-Président des Constructeurs
de Machines agricoles françaises
Secrétaire-Rapporteur du Jury International

COMITÉ FRANÇAIS
DES EXPOSITIONS A L'ÉTRANGER
Bourse de Commerce
Rue du Louvre
Paris
1909

M. VERMOT . . .
. . . Éditeur . . .

EXPOSITION INTERNATIONALE DE MILAN 1906

Ministère du Commerce
de l'Industrie & du Travail

Exposition Internationale de Milan 1906

Section Française

Matériel et Procédés des
Exploitations rurales
Classe 35
CLASSIFICATION ITALIENNE
Groupe 62

RAPPORT

PAR

M. G. LEFEBVRE-ALBARET

Vice-Président des Constructeurs
de Machines agricoles françaises
Secrétaire-Rapporteur du Jury International

COMITÉ FRANÇAIS
DES EXPOSITIONS A L'ÉTRANGER
Bourse de Commerce
Rue du Louvre
Paris
1909

M. VERMOT...
... Éditeur ...

INTRODUCTION

Heureux et fiers des succès de l'Exposition de Liège, les Constructeurs Français de Machines Agricoles appartenant à la Classe 35 ne tardèrent pas à s'inscrire à nouveau pour l'Exposition de Milan.

D'ailleurs, les Chefs de file étant les mêmes, le Comité d'Installation gardait à sa tête, M. le Sénateur VIGER, MM. SENET, MAROT, HIDIEN, MARTEL, etc., organisateurs émérites et toujours appréciés.

Sous de telles directions, nos Constructeurs n'hésitèrent pas à envoyer leurs spécimens les plus perfectionnés : ils vinrent personnellement à Milan discuter leurs intérêts, et se créer, avec nos voisins, des relations qui depuis cette époque n'ont fait que grandir.

Les Étrangers, eux aussi, vinrent à Milan beaucoup plus nombreux qu'à Liège, l'Exposition Italienne étant plus importante en raison des progrès appréciables accomplis par nos hôtes dans leur construction.

Comme toujours, les Allemands comptaient peu d'Exposants; mais quelles admirables Expositions, et quelle sélection. On sentait là une direction unique, une discipline remarquable, et une volonté de tenir le premier rang.

Les Anglais, les Suisses, les Autrichiens se distinguaient par de superbes collections, mais nous pouvons déclarer sans forfanterie que l'Industrie Agricole Française était fort bien représentée, et que les visiteurs de l'Exposition de Milan en ont conservé une impression des plus favorables.

Pour faciliter la lecture de ce travail, nous emprunterons les mêmes divisions que pour celui de Liège dont nous avons été chargé en 1905 :

1°. — Organisation de l'Exposition.

2°. — Historique des Maisons françaises, ayant pris part à l'Exposition.

3°. — Récompenses obtenues par les Constructeurs et par leurs Collaborateurs.

En terminant cette modeste introduction qu'il nous soit permis de remercier nos Collègues qui nous ont aidé à mener à bien ce travail et principalement nos amis, Marot, Martel et Senet, toujours si dévoués à la cause agricole.

G. LEFEBVRE-ALBARET.
Vice-Président de la Chambre Syndicale
des Constructeurs de Machines Agricoles Françaises.

PREMIÈRE PARTIE

HISTORIQUE DE L'EXPOSITION

HISTORIQUE DE L'EXPOSITION

Participation de la France.

L'Exposition de Liège venait à peine de fermer ses portes que déjà nos Constructeurs se disposaient à partir en Italie.

Milan était bien choisie pour attirer nos Constructeurs. Située dans un centre agricole et industriel, sur le versant occidental des Alpes, et à quelques kilomètres de la frontière, il n'était pas douteux qu'elle reçut de nombreux Exposants.

La France y participait officiellement, et pour bien marquer cette participation officielle, M. le Ministre du Commerce désigna M. Jozon, Inspecteur Principal des Ponts et Chaussées, comme Commissaire général. M. Ruau, Ministre de l'Agriculture, voulant également prendre la Direction du Groupe Agricole, nommait M. Dop (Louis), Commissaire spécial à l'Agriculture.

Le Comité Français des Expositions, sous la Présidence de M. Emile Dupont, Sénateur de l'Oise, était chargé de l'organisation officielle. Il désigna M. Maguin, l'un de ses Vice-Présidents pour le représenter.

Avec la collaboration intelligente de M. Martel, l'habileté et le talent artistique de M. Guillaume (Albert) Architecte, le succès de notre Groupe était assuré.

Pour compléter le Comité d'Organisation, M. le Sénateur Viger fit encore une fois appel à la Chambre Syndicale des Constructeurs de Machines agricoles françaises, et au dévouement de son Président, M. SENET.

Il savait que les Constructeurs Français ne reculent jamais, lorsqu'il s'agit de faire connaître leurs produits à l'Étranger, que leur énergie redouble chaque fois qu'ils doivent lutter contre la concurrence étrangère, et que la critique est pour leur activité la meilleure émulation.

C'est pourquoi en 1906, les Constructeurs appartenant presque tous à la Chambre Syndicale vinrent encore une fois répondre à la demande du Comité de l'Exposition de Milan.

Le COMITÉ D'INSTALLATION comprenait, comme Membres du Bureau :

Président : M. SENET (Adrien), Ingénieur E. C. P., 16, rue Claude Vellefaux, Paris, Président de la Chambre Syndicale des Constructeurs de Machines Agricoles.

Vice-Président : M. HIDIEN (Auguste) Constructeur à Châteauroux (Indre) ancien Président de la Chambre syndicale.

Rapporteur : M. MAROT, Constructeur de machines agricoles, Maire de Niort (Deux-Sèvres). Président de la Chambre de commerce de Niort.

Secrétaire : M. LEFEBVRE-ALBARET, Administrateur-Directeur de la Société anonyme des Anciens Établissements Albaret, Vice-Président de la Chambre Syndicale des Constructeurs de Machines agricoles françaises.

Membres du Comité : MM. GUICHARD (Alexandre), Constructeur, à Lieusaint (Seine-et-Marne).

DARLEY-RENAULT, Constructeur, à Nemours (Seine-et-Marne).

GAUTREAU, Ingénieur - Constructeur, à Dourdan (Seine-et-Oise).

MAGNIER-BEDU, Constructeur à Groslay (Seine-et-Oise)

'embres du Comité : MM. PUZENAT (Emile) Ingénieur E. C. P.,
(SUITE) à Bourbon-Lancy (Saône-et-Loire).
VERMOREL, Sénateur et Constructeur à Villefranche (Rhône).

Le Jury international entra en fonctions le 3 septembre 1906.

La Présidence revint de droit à M. le Directeur de l'Agricul-re du Gouvernement Italien.

Les Membres du Jury chargés de défendre les intérêts français rent :

MM. SENET, Président de la Chambre syndicale;
HIDIEN, Ancien Président de la Chambre syndicale;
PUZENAT (Claudien) Ingénieur E. C. P.;
le Sénateur VERMOREL, Constructeur;
MAROT, maire de Niort, Constructeur;
LEFEBVRE-ALBARET, Vice-Président de la Chambre syndicale.

Ce dernier déjà Rapporteur à l'Exposition de Liège fut nommé apporteur des Exposants Français.

La défense de nos intérêts dans le Jury supérieur fut confiée M. le Sénateur VIGER, Président du Groupe agricole et à . DABAT (Léon), Directeur de l'Hydraulique et des Améliorations ricoles au Ministère de l'Agriculture.

Malgré de nombreux tiraillements dans nos classements, les embres du Jury français furent heureux de voir confirmer à s Constructeurs les récompenses données à Liège.

Malheureusement, soit défaut d'organisation, soit oubli, il ne us a jamais été possible de connaître le nom de nos Collègues rangers, et d'obtenir, malgré nos nombreuses réclamations, la te des Récompenses accordées aux Maisons Italiennes, Alle-andes, Anglaises, etc..., etc.

La partie intéressante de notre Rapport s'est trouvée naturel-ment écourtée et nous le regrettons sincèrement.

Nous nous appliquerons donc davantage à étudier les Maisons ançaises qui se sont particulièrement distinguées à Milan 1906 et publierons avec grand plaisir leurs récompenses.

DEUXIÈME PARTIE

RAPPORT DU JURY

MEMBRES DU JURY

HORS CONCOURS

ANCIENS ÉTABLISSEMENTS ALBARET
(Société anonyme)

M. LEFEBVRE-ALBARET, Administrateur-Directeur.

Rapporteur du Jury International.

La Maison fut fondée en 1850 par M. DUVOIR Charpentier à Liancourt (Oise) qui installa ses ateliers à Rantigny, sur la ligne du Chemin de fer du Nord.

Créateur en France de la Batteuse fixe à manège, M. DUVOIR vit sa réputation s'accroître rapidement, et de nombreux spécimens de ses machines existent encore dans beaucoup d'exploitations agricoles.

M. ALBARET lui succéda en 1860; Ingénieur des Arts et Métiers il orienta sa construction du côté industriel.

Les machines à vapeur créées par lui ont encore une réputation universelle et les batteuses portatives, les rouleaux à vapeur, etc., etc., développèrent considérablement l'importance de la Maison.

Il participa à toutes les Expositions Universelles et Internationales, ainsi qu'aux Concours régionaux de France.

M. ALBARET était Officier de la Légion d'Honneur et Membre du Jury à l'Exposition Universelle de Paris en 1889.

Depuis 1906. la firme est devenue « Société anonyme des Anciens Établissements ALBARET ». dont le gendre M. LEFEBVRE-ALBARET est l'Administrateur-Directeur.

Grands-Prix dans les dernières Expositions, et particulièrement à Paris, en 1900.

M. LEFEBVRE-ALBARET fut Membre des Comités aux Expositions de Paris, Hanoï, Saint-Louis, Liège.

La Maison ALBARET expose à Milan. des spécimens de *Locomobiles*, de *Batteuses*, et un *Rouleau compresseur* en réduction.

Les caractéristiques des Machines exposées sont les suivantes :

La Locomobile est du modèle type B, créé en 1900, et perfectionné depuis.

Sa chaudière à T présente une grande surface de chauffe, et un réservoir de vapeur considérable : elle est munie des appareils de sûreté les plus perfectionnés.

Son mécanisme est monté sur un bâti en fonte, ajusté sur la chaudière.

Sa glissière et son tiroir sont cylindriques, permettant un réglage parfait, avec économie de combustibles.

Elle est munie d'un régulateur à grande vitesse très sensible.

La Batteuse du modèle type C 3 possède un batteur en cornière, contrebatteur à jour, larges trémies de nettoyage, les courtes-pailles sont à l'arrière, les roues en dehors.

Elle est munie d'un double nettoyage breveté avec mouvement en travers donnant un grain absolument propre à porter au marché sans passer au tarare.

Le Rouleau à vapeur du modèle est employé en France, en Italie, dans toute l'Europe centrale, ainsi qu'aux Colonies.

Vice-Président de la Chambre syndicale des Constructeurs de Machines agricoles françaises, M. LEFEBVRE-ALBARET fut Membre du Jury à l'Exposition de Milan, et nommé par ses Collègues Secrétaire-Rapporteur du Groupe 62.

La firme a été de ce fait placée ***Hors Concours.***

Maison HIDIEN (A.)

Constructeur à Châteauroux (Indre).

Membre du Jury International.

En 1834, M. HIDIEN (J.-B.) créait à Déols (Indre), les ateliers transférés en 1860 à Châteauroux et s'occupait spécialement de la construction d'instruments aratoires.

En 1866, M. HIDIEN Auguste succède à son père, et il s'attache exclusivement à la construction des Locomobiles, Batteuses à grains et à graines fourragères, ainsi que des matériels de submersion.

Président de la Chambre de Commerce de l'Indre, Ancien Président de la Chambre syndicale des Constructeurs de Machines agricoles, Membre du Jury et Rapporteur de la Classe 35 à l'Exposition de 1900, M. HIDIEN (A.) est Officier de la Légion d'Honneur et Commandeur du Mérite Agricole.

Hors-Concours à l'Exposition d'Hanoï en 1903, cette firme obtient un Grand-Prix à Saint-Louis, en 1904.

A Milan, M. HIDIEN expose *une pompe* dont les caractéristiques sont les suivantes :

Elle est à double palier et montée sur une solide plaque rabotée.

L'aspiration se fait d'un seul côté, au moyen d'un coude pouvant prendre toutes les divisions.

La disposition de la prise d'eau d'un seul côté permet de régler la turbine sur l'orifice d'aspiration, dès qu'il y a usure. Ces pompes sont très employées dans le Midi de la France pour la submersion et l'arrosage des vignes.

La spécialité de la Maison HIDIEN consiste surtout dans la construction des Batteuses à graines fourragères, faisant d'un seul coup toutes les opérations du battage, y compris la mise en sac des grains tout nettoyés ; ce résultat est obtenu au moyen d'un triple nettoyage.

M. HIDIEN étant Membre du Jury international à l'Exposition de Milan, la Maison HIDIEN a été classée ***Hors-Concours.***

Maison MAROT (Émile) et Cie

Constructeurs, à Niort (Deux-Sèvres).

Membre du Jury International.

La Maison a été fondée en 1857 par M. Marot (Jules), Inventeur du Trieur à double effet qui porte son nom. Il reçut comme récompense en 1878, la Croix de la Légion d'Honneur.

En 1890, il céda sa Maison à ses fils et à son gendre, M. Tribot, sous la raison sociale : Marot Frères et Cie.

En 1895, M. Tribot s'étant retiré, la firme devint : Marot Frères.

En 1901, M. Marot (René) ayant vendu ses droits à son frère aîné, la raison sociale se transforma à nouveau sous la rubrique Marot (Émile) et Cie.

Les Trieurs « Marot » connus de tous les agriculteurs, sont aujourd'hui exportés dans le monde entier. Ils sont non seulement utilisés pour la préparation des semences, mais encore pour la Meunerie, la Brasserie, la Graineterie et en général par toutes les Industries qui ont besoin de trier ou de classer différents corps.

Le chef actuel de la Maison a apporté notamment plusieurs perfectionnements importants aux *Trieurs « Marot »* dont les plus remarquables sont les suivants :

1° Création d'un système de trieurs en deux parties rendant la manutention plus facile, et cela au moyen d'une transmission de mouvement fort ingénieuse, sans engrenages ni courroies.

2° Invention d'un système d'ensachage automatique au moyen de godets articulés d'un système breveté, permettant la mise en sac automatique par l'appareil, des grains triés par lui.

3° La création de trieurs spéciaux en bronze pour le classage et le triage des poudres de guerre. Ces appareils sont employés dans les poudrières de l'État Français, du Gouvernement Russe, et par plusieurs poudrières étrangères.

4° L'invention d'un trieur spécial à alvéoles de diamètres

extrêmement petits, pour la séparation des graines de trèfle et luzerne d'avec les plantins et la cuscute.

Ces différents perfectionnements ont valu à M. MAROT (Émile), plusieurs récompenses honorifiques, parmi lesquelles nous relevons les suivantes : Officier d'Académie; Commandeur du Mérite Agricole, Chevalier de la Légion d'Honneur.

Les Trieurs « Marot » ont obtenu la Médaille d'Or en 1900, à Paris; le Grand-Prix, à Saint-Louis (États-Unis) en 1904.

Rapporteur du Jury à Saint-Louis en 1904, M. MAROT est en outre Maire de Niort et Président de la Chambre de Commerce des Deux-Sèvres.

L'usine d'Antes, installée près de Niort, comprend un outillage très perfectionné, mû par une force de 50 chevaux-vapeur, et fabrique annuellement plusieurs milliers de machines qui répandent dans le monde entier la réputation du Trieur « Marot ».

M. MAROT (Emile) étant Membre du Jury international, la Maison MAROT et Cie a été classée ***Hors-Concours***.

Maison PUZENAT (Émile) et ses fils

Ingénieurs-Constructeurs à Bourbon-Lancy (S.-et-L.)

Membre du Jury International.

M. PUZENAT Père commença en 1874 à fabriquer des machines agricoles à Bourbon-Lancy; il est aujourd'hui Officier de la Légion d'Honneur, et Officier du Mérite Agricole.

Il s'associa son fils, Ingénieur des Arts et Manufactures, après sa sortie de l'École Centrale. Le grand essor que prit progressivement leur Établissement les obligea à abandonner leur première installation et ils construisirent en 1902 les usines modèles de Saint-Denis, près Bourbon-Lancy, qui sont installées pour produire en spécialité les instruments de leur fabrication, et principalement le Râteau à cheval.

MM. PUZENAT (É.) ET FILS exposent à Milan de nombreux instruments dont ils se sont fait une spécialité.

Les caractéristiques des principaux de ces instruments sont les suivantes :

Le Rateau « Lion-Supérieur » dérive du modèle Lion, construit précédemment : il en corrige les imperfections et en simplifie le mécanisme et la conduite par les diverses modifications y apportées.

La Faneuse « Progrès-Clinkton » est à mouvement circulaire et capote ondulée; le mécanisme moteur est bien protégé tout en étant d'accès facile, deux leviers permettant de changer le sens de rotation des râteaux; un déclic débraye le mouvement en cas de recul du cheval.

L'Extirpateur « l'Universel », est établi avec ses barres longitudinales sur champ pour en obtenir le maximum de résistance; les barres transversales sont réunies aux premières par tenons et mortaises; les boulons d'assemblage sont remplacés par des clavettes plus faciles à démonter.

Les porte-lames sont à chape et à clavette ; on peut les disposer de toutes sortes de manières et varier ainsi les destinations de l'instrument.

Le relevage se fait selon trois modes brevetés, variés, suivant les modèles.

La Herse canadienne « Silex », d'une solidité à toute épreuve, présente comme disposition intéressante le mode d'attache des dents flexibles sur les tubes ; cette herse est portée par des patins, un levier de relevage permet de régler la hauteur des dents même pendant la marche.

Le Cultivateur canadien « Silex », est analogue à la herse, mais possède de hautes roues indépendantes, et un siège à ressort.

La Houe « l'Européenne », est une création de la Maison PUZENAT (É.) ET FILS ; elle est très remarquable par sa solidité et sa légèreté de traction, par la facilité de transformation et la modicité du prix.

La Herse « Couleuvre » est simple, solide, et souple.

La Herse articulée de forme en Z est le modèle classique avec des petits perfectionnements de détail.

La Herse articulée à dents inclinables possède un levier qui permet d'incliner plus ou moins les dents suivant le travail à effectuer.

M. PUZENAT (Claudien), Ingénieur E. C. P. étant Membre du Jury, la firme a été classée ***Hors-Concours.***

Maison SENET (Adrien)

Ingénieur-Constructeur, à Nogent-le-Rotrou (E.-et-L.).
et à Paris : 16, rue Claude Vellefaux.

Membre du Jury International.

M. SENET (Ad.), Ingénieur des Arts et Manufactures, Licencié en droit, entra dès sa sortie de l'École Centrale, dans le cadre auxiliaire des Ponts et Chaussées.

Quelques mois plus tard (1883) les circonstances l'appelèrent à succéder à la Maison PELTIER Jeune, Maison fondée vers 1850, et qui fut une des premières à répandre la Machine agricole en France.

En 1889, il réunit à la sienne la Maison CHAMPENNOIS et Fils, fondée également vers 1850.

Enfin, en 1904, à la suite du décès de M. BUZELIN, fabricant spécialiste de pompes, M. SENET reprit la suite de cette firme.

D'abord installé à Paris, 10, rue Fontaine-au-Roi, M. SENET pour augmenter sa fabrication, transporta en 1900 ses ateliers à Nogent-le-Rotrou, et ne conserva à Paris que ses Bureaux et magasin de spécimens.

La Maison possède de nombreux modèles. Elle s'occupe d'installations d'usines, construit un grand nombre d'instruments et fournit le petit matériel de gares aux Chemins de fer de l'État.

Ses principaux instruments sont : le Coupe-Racines, les Râpes, les Presses à fourrages, les Herses, les Instruments coloniaux, etc., etc., et enfin les Pompes qui sont pour lui une grande spécialité.

A Milan, M. SENET expose :

1° *Un Égrenoir* à maïs perfectionné, pouvant traiter les gros et les petits épis sans casser la coque qui peut resservir comme allume-feu.

2° *Un Décortiqueur* de café en cerises sèches perfectionné, et très employé dans nos colonies.

3° *Un Coupe-racines* Peltier-Senet perfectionné.

4° *Une Presse à fourrages* à leviers à bras.

5° *Une collection réduite de pompes*, dont il s'est fait comme il est dit plus haut une grande spécialité. Ces pompes ont d'ailleurs été très goûtées à Milan, après de sérieux essais, où ses modèles ont été fort appréciés.

En 1900, M. Senet fut mis Hors-Concours comme Membre du Jury international et reçut la Croix de la Légion d'honneur.

En 1902, il fut Hors-Concours à Hanoï.

En 1903, à Saint-Louis, il obtint un Grand-Prix.

En 1905, à Liège, il fut Président du Jury international.

A Milan, en 1906, il est nommé Membre du Jury international et ***Hors-Concours***.

Maison VERMOREL

Constructeur, à Villefranche (Rhône).

La Maison VERMOREL (Victor) de Villefranche (Rhône) est trop connue et appréciée en Italie pour que son éloge soit nécessaire.

M. VERMOREL était Membre du Jury, et la remarquable exposition de ses appareils était placée ***Hors-Concours***.

Nous avons remarqué en dehors des appareils classiques comme le *Pulvérisateur* « *Éclair N° 1* », la *Soufreuse* « *Torpille* » qui ont, pour beaucoup, contribué à assurer à cette Maison sa réputation mondiale, de nombreuses applications nouvelles de ses appareils pour combattre les insectes et maladies qui frappent plus spécialement l'agriculture italienne.

Toute la série des appareils destinés au traitement des ennemis des plantes sont exposés avec un ordonnancement parfait, aussi bien pour les appareils à dos d'homme que pour ceux à traction de cheval.

La Maison VERMOREL a présenté également des moteurs à essence de pétrole avec des applications agricoles qui ont vivement intéressé les visiteurs par la simplicité et la régularité du fonctionnement.

La grande majorité des viticulteurs italiens n'emploient que des appareils « VERMOREL » ; et son affluence pour examiner les nouveautés que présentait cette Maison a été un des éléments du succès de l'exposition des Machines agricoles françaises.

GRANDS PRIX

Maison AUBERT

Constructeur, 4 et 6, rue Claude-Vellefaux, Paris.

La Maison AUBERT fut fondée à Paris en 1832 par M. AUBERT père auquel son fils Alexandre succéda en 1863.

Après s'être développée en prenant une part active dans différentes branches de la construction mécanique, la Maison s'est définitivement spécialisée dans la construction de Machines à vapeur demi-fixes Locomobiles et Machines fixes jusqu'à 150 chevaux de force. Récemment, la Maison a créé différents types de Moteurs verticaux « Compound » à grande vitesse, jusqu'à 150 chevaux, pour la commande des groupes électrogènes.

La Maison AUBERT a pris part à toutes les Expositions Universelles et Internationales ainsi qu'à de nombreux Concours en France.

Parmi les dernières récompenses obtenues, on peut citer :

Médaille d'Or, à l'Exposition Universelle de 1900 : Médaille d'Or à l'Exposition d'Hanoï, en 1902 : Grand-Prix à Liège, 1905.

A Milan, M. AUBERT expose :

Une Machine locomobile du type courant de sa Maison avec les derniers perfectionnements introduits dans la construction de ces machines depuis quelque temps.

Elle est de la force de 15 chevaux, et montée sur une chaudière à retour de flammes à foyer amovible, timbrée à 10 kilogrammes.

Le mécanisme simple et robuste permettant un réglage facile et parfait est monté sur un bâti en fonte ajusté sur la chaudière.

Un régulateur de construction spéciale assure à la machine une très grande régularité de marche. — Le graissage a été l'objet d'étude particulière : il évite toute usure anormale des pièces de la distribution, malgré la haute pression de vapeur adoptée.

La Maison AUBERT a remporté dans le Groupe 62 ***un Grand-Prix***.

ÉTABLISSEMENTS BAJAC

Ingénieur-Constructeur, à Liancourt (Oise).

Les Établissements BAJAC de Liancourt (Oise) ont pour spécialité la fabrication des Charrues perfectionnées et tous instruments à travailler le sol.

La Maison BAJAC fut fondée en 1850, par M. DELAHAYE qui, en peu d'années, donna à son industrie naissante une grande extension et remporta le premier prix, Grande Médaille d'Or, à l'Exposition Universelle de Paris 1867.

En 1872, M. DELAHAYE s'adjoignit comme associé, son gendre, M. BAJAC, qui bientôt après resta seul propriétaire de l'usine de Liancourt; sa Direction fut marquée par une série d'agrandissements, sanctionnés par des succès ininterrompus dans tous les Concours et Expositions.

A l'Exposition Universelle de Paris 1900, M. BAJAC fut mis Hors-Concours, comme Membre du Jury international des récompenses.

M. BAJAC fut fait Chevalier de l'Ordre de la Légion d'Honneur en 1889; en 1894, Chevalier du Mérite Agricole et, en 1900, Officier du même ordre. — En 1903 également, Officier de la Légion d'Honneur, et en 1901, Commandeur du Mérite Agricole.

La collection exposée à Milan par M. BAJAC comprend notamment :

Une *Charrue bascule* à traction directe par chevaux ou par bœufs, pour labours profonds, et avec dispositif spécial, amenant en travail le déplacement longitudinal du centre de gravité et assurant la marche régulière de l'appareil.

Deux spécimens de *Charrues brabants* doubles du type courant, tout en acier forgé estampé avec versoirs en acier trempé à centre doux; l'une de ces charrues est agencée d'un petit semoir distribuant le grain dans le sillon.

Une *Herse roulante*, dite *écrouteuse émotteuse* à étoiles, d'un excellent emploi pour casser les mottes, préparer finement les terres à betteraves, couvrir les petites graines, cultiver les céréales au printemps, etc.

Un *Semoir* à distribution rectiligne intermittente, pour haricots, maïs, betteraves, et en général, toutes grosses graines semées au poquet.

Une *Houe* tout en acier forgé à un seul rayon, pour binage de toutes plantations en lignes, et se transformant en buttoir, extirpateur, etc.

Une *Arracheuse de betteraves* à deux griffes, munie de roues massives directrices, et supportée à l'arrière par 2 roues tranchantes. Cette machine qui se construit à un, deux, trois, quatre et six rangs, a obtenu les premiers prix et les plus hautes récompenses dans tous les Concours spéciaux à ce genre d'instruments.

Le Jury international accorde à M. Bajac ***un Grand-Prix***.

Maison BARIAT

Constructeur, à Chaulnes (Somme).

La Maison BARIAT installée à Chaulnes (Somme) a été créée par M. BARIAT (J.) dans le but de permettre d'établir en série, les instruments de culture, aujourd'hui d'usage courant : Brabants simples et doubles, Polysocs, Déchaumeuses, Scarificateurs, Rouleaux, Herses, Tonneaux à eau et à purin.

M. BARIAT, qu'une longue pratique de ce genre de construction avait mis à même de créer un outillage spécial, s'est efforcé d'établir ses modèles en les dotant de tous les perfectionnements sanctionnés par la pratique, et en les affranchissant de toutes les erreurs que la routine avait seule fait maintenir jusque là.

Ses travaux lui valurent successivement les plus flatteuses distinctions : Chevalier du Mérite Agricole en 1896, Officier d'Académie en 1900, Chevalier de la Légion d'Honneur dans la même année, Officier du Mérite Agricole en 1903, M. BARIAT remplissait à l'Exposition de 1900 les fonctions de Membre du Jury.

Malheureusement la mort vint interrompre ses succès, et les Établissements sont maintenant dirigés par sa Veuve, Mme BARIAT.

Nous remarquons dans le stand de cette firme :

Brabant double n° 3. Cet appareil propre aux cultures à plat ou en billons comporte les perfectionnements suivants :

Suppression de la chaîne de traction. La traction s'opère sur l'extrémité de la haie ou suivant ajusté à frottement doux dans l'écamoussure qui constitue un véritable cylindre d'égale épaisseur percé de part en part, évitant ainsi les ruptures qui résultent fréquemment des écamoussures à trou borgne.

L'âge du Brabant « *Bariat* » est de longueur suffisante pour assurer à chaque pièce travaillante son maximum d'utilisation, ce que ne réalisent pas les âges courts. Le labour en est plus régulier et la stabilité de l'instrument plus grande.

Les brabants peuvent être montés à la demande des divers types de versoirs, mais on adopte généralement : pour les terres légères et les labours ne dépassant pas 28 centimètres, le versoir hélicoïdal bombé; pour les terres compactes, le versoir creux cylindrique long; pour les terres très argileuses, le versoir creux cylindrique court; pour les terres très difficiles et collantes le versoir à grilles.

Les matières employées sont bien appropriées au rôle des pièces qu'elles constituent et en assurent le maximum de rendement et de durée. Les haies, essieux, chignons, étriers sont en acier doux forgé, les versoirs et les socs en acier dur trempé.

Bisocs. L'instrument exposé est un bisoc ou Brabant à deux corps travaillants.

Tonneaux à eau et à purin. Le tonneau à eau et à purin exposé est établi en tôle d'acier : il est d'un système simple et pratique. Grâce à sa pompe intérieure à l'abri de tous chocs, il peut être rempli en quelques instants et permet, par conséquent, le transport rapide du liquide d'un point à un autre.

Le Jury international a décerné à Mme Vve BARIAT ***un Grand Prix***.

Maison CHALIGNY et Cie

Constructeurs, 54, rue Philippe-de-Girard
à Paris-la-Chapelle (18e arr.)

Les Établissements Chaligny et Cie, successeurs de la Maison Calla, fondée en 1788, exposaient plusieurs spécimens de leurs divers types d'appareils créés par eux pour les besoins de la navigation fluviale et maritime, et adoptés notamment par la Marine Française et plusieurs Marines Étrangères.

Cette exposition comprenait :

1° *Un appareil moteur à vapeur*, chaudière et machine, pour canot réglementaire de 7 m. 60 de la Marine française, établi dans le but d'obtenir, sous le plus petit volume et le plus faible poids possibles, le maximum de force et le minimum de consommation.

La puissance de la machine du système Compound, dans cet appareil est de 18 chevaux indiqués pour une vitesse de 375 tours et à la pression de 8 kilogr. 500.

Son poids est de 190 kilogrammes.

La chaudière à foyer intérieur et à flamme directe a une surface de chauffe de 4 m. 40.

Son poids est de 613 kilogrammes.

La consommation de charbon par cheval-heure est de 1 kilogr. 400.

La série de ces appareils allant jusqu'à 90 chevaux comprend tous les types pour canots réglementaires de 6 m. 60, 7 m. 60 et 8, 9, 10, 11 et 13 mètres.

Pour des embarcations plus fortes, les Établissements construisent des appareils moteurs jusqu'à la puissance de 300 chevaux.

2° *Un tableau* montrant en réduction les *différentes coques de canots* en acier exécutés par la Maison jusqu'à ce jour.

3° *Un Groupe électrogène* de 1 kilowatt, comme spécimen des appareils de ce genre à grande vitesse, et à accouplement direct avec la dynamo que la Maison construit depuis 1 kilowatt jusqu'à 100 kilowatts.

Ces groupes électrogènes étant employés à bord pour les divers services d'éclairage et de signaux.

4° La Maison exposait aussi *une Machine à vapeur monocylindrique* pilon à grande vitesse de la puissance de 8 chevaux, appartenant à une série de machines semblables s'échelonnant jusqu'à 50 chevaux.

Ce type de machine s'appliquant à toute espèce d'usage industriel.

Le Jury international a décerné à la Maison CHALIGNY ET Cie *un* ***Grand-Prix***.

Maison CLERT

Constructeur, à Niort (Deux-Sèvres).

C'est en 1860 que fut fondée à Niort, par M. Clert père, la fabrique de Trieurs actuellement dirigée depuis 1882 par M. Clert Fils. Dans son rapport à l'Exposition de Paris 1900, M. Hidien rappelle que l'invention du Trieur en deux parties appartient à M. Clert père qui le créa en 1874. De nombreuses applications pratiques, et d'ingénieuses dispositions employées encore aujourd'hui dans le mécanisme des Trieurs courants reviennent également à M. Clert père. Dès 1863, on vit figurer des Trieurs « Clert » dans les Concours régionaux, et nous les retrouvons après 1870 prenant part encore à tous les Concours régionaux et Expositions Universelles, répandant ainsi dans le domaine agricole un instrument tout nouveau et peu connu des cultivateurs.

A partir de 1882, M. Clert Fils resté seul continue l'exploitation de la marque Trieurs « Clert » dont les succès sont déjà nombreux.

Nous la retrouvons dans toutes les Expositions Françaises et Étrangères, présentant des modèles nouveaux pour le triage de tous les grains et graines, jusqu'à l'Exposition de Paris 1900 où elle obtint la plus haute récompense, une Médaille d'Or.

A l'Exposition de Milan, M. Clert présenta seulement deux appareils : *un Trieur en deux parties*, avec émotteur à excentrique, et *un Trieur*, l'une de ses dernières créations, pour les *Trieurs à grains*.

Le Jury international décerne à la Maison Clert, ***un Grand-Prix***.

Maison DARD

Constructeur, à Paris.

Originaire du Creusot, dont il fut un des élèves les plus distingués, M. Dard parcourut une partie de la France comme ajusteur-mécanicien, et c'est après avoir pris part aux travaux des usines de Maubeuge, de la Maison Daudé et Boildieu, qu'il devint, en 1875, chef de son Établissement.

Officier de l'Instruction Publique et du Mérite Agricole, il prit part aux Expositions Universelles et obtint : une Médaille d'Or, Paris 1900; une Médaille d'Or, Hanoï 1903; un Grand-Prix, Saint-Louis 1904 et un Grand-Prix, Liège 1905.

La spécialité de la Maison Dard comprend surtout :

Les Machines à refouler, à souder les cercles de roues, les Machines à fabriquer les fers, machines à cintrer, à river, etc...

La Maison Dard expose : 1° *Une Machine à fabriquer les fers à cheval* permettant au maréchal de faire vingt-cinq fers à l'heure avec l'aide d'un apprenti.

2° *Des Poinçons à chaud* permettant de poinçonner rapidement des fers de différentes formes.

3° *Une Machine à couder, à cintrer*, destinée aux ateliers modestes.

Cette machine permet de faire rapidement les coudes, contre-coudes, cintres et amorces.

Elle peut se placer dans un étau.

L'utilité pratique de ces instruments, la construction soignée des appareils, décidèrent le Jury international à accorder à la Maison Dard ***un Grand-Prix***.

Maison DARLEY-RENAULT

Constructeur, à Nemours (Seine-et-Marne).

M. Darley-Renault fonda sa Maison en février 1886.

Les instruments qu'il présente à l'Exposition de Milan possèdent tous de nombreux et récents perfectionnements.

Nous y voyons en première ligne :

Une Déchaumeuse simple à 4 socs, montée avec nouveau levier à direction, permettant de régler et d'assurer une marche régulière à cet instrument pendant le travail, sans en arrêter l'attelage.

Le bâti est disposé de telle façon que ladite déchaumeuse peut se transformer instantanément, en déchaumeuse à 3 ou 4 socs à volonté, sans que sa stabilité puisse varier en quoi que ce soit.

Les tiges sont tenues aujourd'hui par une forte chape ou collier en acier forgé (modèle 1905) et fixées à leur place respective à l'aide d'une vis de pression, ce qui est de beaucoup préférable aux simples brides nécessitant l'emploi du fer en U avec entailles pour l'emplacement des tiges.

La traction nécessaire est de deux chevaux. La jauge, ou profondeur du travail est donnée à l'aide d'une vis de terrage, à pas rapide, placée à la roue de devant, derrière la tige (point très important qui la met absolument à l'abri de tout choc).

Les socs et versoirs en acier fin trempé sont fixés sur un avant-corps des plus robustes, ce qui permet d'exécuter, en tous terrains, des labours moyens jusqu'à 10 et 15 centimètres de profondeur.

Un nouveau Brabant double, création 1905, présenté sans peinture tout en acier forgé et poli à la meule et à la lime. L'écamoussure d'un nouveau modèle, en deux parties, offre de réels avantages comme facilité et solidité sur les anciens types, et le réglage des cliquets est des plus simples. De plus, le brabant possède le nouvel essieu à coulisse avec montage sur roues « Patent » : cet essieu s'adapte facilement sur n'importe quel type de charrue ou brabant, et est d'un prix des plus modiques.

Un Brabant double, également tout en acier forgé, monté

avec rasettes et versoirs à claire-voie et tout spécialement recommandé pour les terres fortes.

Un Brabant simple, tout en acier forgé, nouveau type, dit à Col de cygne, également de création nouvelle.

Une Bineuse-Démarieuse spéciale pour la culture betteravière, et possédant de nombreux perfectionnements.

Une petite Charrue spéciale pour la vigne, tout en acier forgé, de création toute nouvelle.

Et enfin *une Bineuse articulée* à transformations multiples, à écartement variable, et réglage instantané, exclusivement en acier forgé, s'employant indifféremment pour la culture de la vigne, de la pomme de terre et de la betterave, moyennant différents appareils qui se fixent au bâti à l'aide d'un simple collier en acier forgé avec vis de pression.

M. Darley qui est Officier d'Académie, Chevalier du Mérite Agricole, vient de remporter à l'Exposition Universelle de Saint-Louis une Médaille d'Or, et à Liège un Grand-Prix (1905).

Le Jury international a décerné à la Maison Darley ***un Grand-Prix***.

Maison DOUANE

23, Avenue Parmentier, Paris (XIe).

Les ateliers de la Maison Douane sont situés, 23, Avenue Parmentier, à Paris. Ce sont les Anciens Établissements d'Auguste Pihet où l'on fabriquait spécialement les Machines de filature.

Les raisons sociales successives ont été les suivantes jusqu'à ce jour : Auguste Pihet, Trubert et Cie, Carimey et Cie, Carimey et Crespin, Crespin et Lapergne, Crespin, Crespin et Marteau, Crespin, Douane, Jobinet et Cie, 1888 à 1892.

Depuis cette date, M. Douane dirige seul la Maison où il était entré en 1878 comme Ingénieur, sous la raison sociale Crespin et Marteau.

Les spécialités de la Maison Douane sont les suivantes ;

Les Machines à Vapeur.

Les Appareils frigorifiques, les Compresseurs d'air et de gaz, et la Mécanique générale.

C'est surtout dans la branche des appareils à produire le froid et la glace que la Maison Douane s'est distinguée.

Les stands de la Maison Douane à l'Exposition de Milan font ressortir que cette Maison a assoupli ses appareils aux diverses exigences des industries qui utilisent le froid : ce n'est pas seulement l'exposition d'un constructeur d'appareils à glace, mais celle d'un ingénieur qui s'est spécialisé dans les applications du froid, et qui désire attirer l'attention des personnes que la question intéresse sur les solutions heureuses qui ont été apportées par la Maison à ces différentes applications.

Une autre préoccupation de la Maison Douane a été de faire voir que son système d'appareil pouvait se construire d'une façon pratique pour de toutes petites productions de froid et de glace, suivant ainsi la voie tracée par la clientèle qui demande de plus en plus des petits appareils.

La Maison Douane exposait donc : *un Appareil à glace* produisant 30 à 35 kilogrammes de glace à l'heure, appareil mû par courroie.

Un Appareil à cartouche instantanée produisant 12 kilogrammes de glace à l'heure, cet appareil est basé sur un brevet spécial de M. Douane et offre l'intérêt d'obtenir de la glace très rapidement sans période de mise en marche comme tous les appareils à fabriquer la glace le comportent.

Cette Maison exposait encore *deux autres appareils à cartouche instantanée*, d'une production : l'un de 2 kilogrammes de glace à l'heure, et l'autre de 1 kilogr. 200.

Le Jury international a décerné à la Maison Douane ***un Grand-Prix.***

Maison DURAFORT et Fils

Constructeurs-Mécaniciens, 162 et 164, Boulevard Voltaire, Paris.

La Maison Durafort et Fils, 162 et 164, Boulevard Voltaire, à Paris, s'occupe spécialement de la fabrication des Siphons et Appareils pour boissons gazeuses.

Elle fut fondée en 1836.

Elle prit part à diverses Expositions Universelles, et sa participation lui valut les récompenses suivantes : Grands-Prix, Paris 1900, Saint-Louis, 1904, et Liège 1905.

Elle exposait à Milan des *Appareils spéciaux pour obtenir la gazéification des liquides*, ainsi que des *siphons* et *bouteilles à fermeture étanche* de divers modèles permettant le transport et la livraison pour la consommation des boissons gazeuses.

Un des appareils exposés pouvait gazéifier 2.500 litres de liquide à l'heure.

Son Exposition comprenait également des appareils divers à petit et grand rendement pour le soutirage et la mise en bouteille de la bière.

On pouvait remarquer aussi des pots et bouteilles à lait en verre, faïence, porcelaine, à fermetures hermétiques et scellées pour la livraison du lait chez les particuliers.

Tous ces appareils ou récipients brevetés étaient des modèles les plus récents et les plus perfectionnés; ils réunissaient toutes les conditions exigées d'hygiène et de salubrité, répondant en même temps à toutes les exigences de production de la grande et de la petite industrie.

Le Jury international a décerné à la Maison Durafort et Fils ***un Grand-Prix***.

SOCIÉTÉ FRANÇAISE DES ETABLISSEMENTS DE TONNELLERIE MÉCANIQUE FRUHINSHOLZ (Adolphe)

à Nancy (Meurthe-et-Moselle).

Cette Maison fut fondée en 1850, par M. FRUHINSHOLZ (Charles) père.

A Milan, elle avait tenu comme d'ailleurs elle l'avait déjà fait dans plusieurs Expositions à l'étranger, à manifester sa vitalité toujours croissante par une exposition digne du développement pris par ses affaires.

Elle occupait un emplacement ayant 13 mètres de façade, rempli par du matériel de brasserie : *14 grands Foudres de garde*, *2 Cuves à fermentation* et des Fûts permettaient d'apprécier la perfection apportée par la tonnellerie FRUHINSHOLZ à la construction de ce genre de matériel, qui est une des spécialités où elle triomphe, et pour lequel la qualité des bois qu'elle emploie, la perfection du travail lui permettent de défier toute concurrence. Ajoutons que cette exposition comprenait non pas un matériel spécial, mais du matériel de fabrication courante.

En outre, un *Wagon-Réservoir* miniature rappelait que, pour ce genre de fabrication également, cette Maison fournissait des foudres de choix, justifiant sa réputation universelle.

Nous devons, à la vérité, dire que, pour bien se rendre compte de ce qu'est cette incomparable Maison, il faut visiter ses vastes ateliers et ses immenses chantiers, où des provisions colossales de bois, séchant plusieurs années en plein air pour leur bonification, permettent de puiser les quantités nécessaires aux plus fortes commandes. C'est ce que l'on pourra faire lors de l'Exposition de Nancy toute proche, pour laquelle cette Maison prépare également une intéressante exhibition.

La Maison FRUHINSHOLZ fournit chaque année à l'exportation plus de 100.000 kilogrammes de matériel.

Le Comité de l'Exposition de Milan décerna à cette firme réputée **un Grand-Prix** qui, ajouté à ceux déjà obtenus à Paris (1900) Saint-Louis, Cape-Town et Amiens, ne fait que confirmer sa valeur si justement et si unanimement reconnue.

Maison GAULIN (A.)

Ingénieur-Constructeur, 170, rue Michel-Bizot, Paris.

Cette Maison qui occupe 54 personnes, a été fondée en Janvier 1892; elle est installée de façon toute moderne, 170, rue Michel-Bizot, à Paris.

Depuis sa fondation, elle a sans cesse progressé.

A l'Exposition Universelle de Paris, en 1900, elle obtenait la Médaille d'Or; à Saint-Louis, en 1904, la Médaille d'Or; enfin à Liège, en 1905, le Grand-Prix.

A Milan, tous les appareils exposés par cette Maison sont brevetés et spéciaux pour toutes les industries du lait.

Parmi ces machines, on remarque *l'Homogénéisateur* breveté dans 39 Puissances, donnant un résultat contraire à celui de l' « Ecrémeuse » centrifuge. Cet Homogénéisateur a rendu possible l'exportation du lait et de la crème, ce qui n'avait jamais pu être fait avant son invention.

La séparation des globules butyreux du lait étant évitée, il restait à solutionner le chauffage uniforme du lait.

M. GAULIN inventa alors *le Stérilisateur rotatif* et plusieurs autres appareils à chauffer le lait, tels que *le Pasteurisateur, le Moderne, le Réchauffeur « Eurêka »*, etc., etc.

Son appareil à concentrer le lait dans le vide présente également des perfectionnements très appréciés en Laiterie.

Le Jury international a décerné à la Maison GAULIN ***un Grand-Prix***.

Maison GAUTREAU

Ingénieur-Constructeur, à Dourdan (Seine-et-Oise).

La Maison GAUTREAU a ses ateliers de construction à Dourdan (Seine-et-Oise) aux portes de la Beauce et de la Brie.

Elle a été fondée en 1854 par M. GAUTREAU (Théophile) père qui fut : Officier de la Légion d'Honneur, Officier du Mérite Agricole, Chevalier d'Isabelle la Catholique, Membre du Jury aux Expositions Universelles de Barcelone 1888, Paris 1889, Anvers 1894, Bruxelles 1897 et Paris 1900.

A la mort de leur père survenue en 1901, MM. GAUTREAU frères lui succédèrent, sous la direction de M. GAUTREAU (L.), Ingénieur E. C. P.

La Maison GAUTREAU commença par fabriquer les batteuses à manège mobiles et fixes; ensuite elle construisit les Locomobiles et les Batteuses à vapeur, les Semoirs, etc. Son importance s'accroît de jour en jour, et elle possède actuellement un grand nombre de modèles de batteuses à manèges et à vapeur, répondant à tous les besoins de l'agriculture.

MM. GAUTREAU frères s'occupèrent également de la fabrication des moteurs à essence, à pétrole, à alcool et à gaz.

Ils exposent à Milan dans le Pavillon français *un moteur à pétrole* de la puissance effective de sept chevaux-vapeur. Ce moteur qui procède du cycle ordinaire à quatre temps, se recommande par sa simplicité et par sa robustesse. Tous les organes inutiles ont été supprimés, mais par contre, tous les soins des constructeurs se sont portés sur les pièces qui le composent. C'est ainsi que le cylindre est éprouvé à la presse hydraulique à une pression de 40 kilogrammes; l'arbre villebrequin est en acier dur, découpé dans la masse sans aucun travail de forge.

Ce moteur est muni de l'allumage par magnéto à basse tension avec rupteur. Un dispositif spécial permet de donner plus ou moins d'avance à l'allumage toujours avec le maximum de courant, quelle que soit l'avance employée.

Le Jury international accorda à la Maison GAUTREAU, ***un Grand-Prix***.

Maison GUICHARD

Constructeur, à Lieusaint (Seine-et-Marne)

La Maison GUICHARD de Lieusaint, fondée par M. VILLIER, en 1845, est aujourd'hui une des principales maisons de France pour la fabrication des instruments aratoires.

C'est M. VILLIER, qui, l'un des premiers, construisit la *charrue* tout en fer, l'*extirpateur* le *scarificateur* ; avec ces instruments il sut bien vite obtenir dans toute sa contrée une renommée défiant toute concurrence.

En 1882, M. GUICHARD arriva en qualité d'associé ; l'Établissement prit alors une grande extension ; des machines nouvelles furent inventées, parmi lesquelles nous pouvons citer :

L'Essanveuse « La Française » qui rendit des services considérables dans toute la France agricole.

L'Arracheur de betteraves « GUICHARD », qui fut employé avec succès pendant la période de sécheresse 1891-92, et particulièrement en 1895.

Le Pulvérisateur « GUICHARD », à traction animale pour la destruction de la sanve et le traitement des maladies de la pomme de terre et de la betterave, bien connu pour sa solidité et son bon fonctionnement.

M. GUICHARD construisit en outre tous les instruments aratoires sans exception. Sa bonne fabrication lui a valu les plus hautes récompenses dans les Concours spéciaux et les Expositions, et notamment : une Médaille d'Or, à Paris, 1900 ; une Médaille d'Or à Hanoï, 1903; une Médaille d'Or à Saint-Louis. 1904 ; un Grand-Prix à Liège, 1905.

A Milan, nous remarquons dans le stand de la Maison GUICHARD :

1° *Un Pulvérisateur à grand travail*, à traction animale pour la destruction de la sanve. Cet appareil d'une grande et d'une parfaite régularité de fonctionnement, comprend quatre parties principales :

a) Le réservoir à liquide, construit tout en cuivre et sans soudures à l'intérieur, lesquelles seraient rapidement détériorées par les solutions cupriques : un tamis en cuivre est disposé sur la trémie pour éviter le passage des matières dures étrangères à l'eau lesquelles pourraient obstruer l'orifice des jets.

b) Le bâti tout en acier porté par deux roues rendues motrices par le moyen d'un embrayage et actionnant deux pompes en bronze, lesquelles aspirent le liquide du tonneau pour le refouler dans un petit réservoir à air placé à l'arrière de l'instrument et ayant pour effet d'en régulariser la pression.

c) Une soupape de réglage et un manomètre.

d) Une rampe mobile garnie de jets à l'arrière, distribuant le liquide cuprifié, l'instrument étant en marche.

2° *Une Charrue Brabant double* munie d'avant-train à tête mobile, et un *Extirpateur à sept dents*, tout en acier, muni de 3 leviers permettant un terrage ou un déterrage instantané : les dents sont fixées au bâti par des manchons à clavette, le montage ou démontage est rapide.

Le Jury international accorda à M. Guichard ***un Grand-Prix***.

Maison EDELINE

43, Quai National, à Puteaux.

La Manufacture Générale de Caoutchouc montée en 1887 sur l'emplacement de la teinturerie GAUTZER, a fonctionné jusqu'en 1889 sous la dénomination RENARD et Cie (Société en participation). Après une courte fusion avec la Maison BRUNESSEAUX de Saint-Denis, la Société liquidait, et M. EDELINE (Léon) devenait en 1890, acquéreur de la manufacture.

En 1897, la Maison devenait « SOCIÉTÉ DES ANCIENS ÉTABLISSEMENTS L. EDELINE ET DES PNEUMATIQUES FRANÇAIS GALLUS.

M. EDELINE (L.) nommé Président du Conseil, en prenait la haute direction avec l'aide de son gendre, M. G. HALLAM DE NITTIS, Ingénieur des Arts et Manufactures, qui fut nommé Administrateur-délégué de la Société.

Redevenu seul propriétaire de l'usine en 1900, le regretté M. EDELINE (Léon) mourait en 1901, laissant à sa veuve une maison en pleine voie de prospérité

Depuis cette époque, Mme Léon EDELINE a pris la suite des affaires de son mari avec son gendre M. G. HALLAM DE NITTIS.

La Manufacture Générale de Caoutchouc L. EDELINE occupe aujourd'hui plus de 300 ouvriers, et les différentes Expositions auxquelles elle a pris part, lui ont valu de nombreuses récompenses, notamment :

Paris 1889 : Médaille d'Argent; Paris 1900 : 2 Médailles d'Or; Saint-Louis 1904 : 2 Médailles d'Or.

A Milan, cette Maison a exposé ses divers spécimens de caoutchouc : *caoutchouc industriel, pneumatiques, etc.*

Le Jury international a accordé à la Maison EDELINE, ***un Grand-Prix***.

Maison KRIEG (E.) et ZIVY (P.)

Ingénieurs (E. C. P.), 7, rue Barbès (Grand-Montrouge).

L'industrie de la tôle perforée a été créée en France par M. CALARD en 1840. M. CALARD fut seul fabricant en France jusqu'en 1850, date de la création de la Maison MOUROT.

Ces deux Maisons furent achetées : la première par M. KRIEG en 1886, la seconde par M. ZIVY en 1889.

MM. KRIEG et ZIVY s'associèrent à cette dernière époque, et les deux usines furent réunies à Montrouge.

En 1894 et 1897, ils se rendirent acquéreurs à Paris et à Lille des Maisons LUNEAU et BOUCHERON exerçant toutes deux la même industrie.

En 1904, ils ajoutèrent à leur spécialité la *fabrication des tubes en étain* par l'acquisition des Ateliers BOUTILLIER.

Les premières applications de la *tôle perforée* furent le criblage et le nettoyage des grains.

De nombreux emplois dans les industries des mines, la sucrerie, la brasserie, etc., furent rapidement trouvés. A l'origine, cette fabrication fut faite exclusivement à l'aide de balanciers mus à bras d'homme. M. MOUROT construisit le premier des machines actionnées par la vapeur. Les procédés de fabrication employés en premier lieu permettaient seulement l'usinage des tôles minces et de faible largeur, qui suffisaient pour les applications de l'époque. Par la suite, les nouveaux emplois trouvés par ces tôles amenèrent à construire les machines de force et de dimensions de plus en plus considérables.

De nombreux débouchés furent trouvés en même temps pour le découpage des pièces de toutes formes employées de plus en plus dans la construction de machines en série.

L'utilisation des déchets de la fabrication de la tôle perforée est faite par la production de diverses petites pièces, et en particulier de rondelles.

A Liège, en 1905, la firme KRIEG et ZIVY obtint un Grand Prix. A Milan cette Maison exposait les divers produits de sa fabrication.

Le Jury international lui accorda **un Grand-Prix**.

Maison MABILLE (E.) Frères

Ingénieurs-Constructeurs, à Amboise (Indre-et-Loire).

La Maison Mabille d'Amboise s'occupe tout spécialement de la construction des Pressoirs : Presses et instruments pour le vin, le cidre, l'huile, etc.

A Milan, cette Maison exposait ses divers spécimens dont :

Un Pressoir n° o, maie tôle d'acier, bâti bois, claie circulaire; ce modèle fonctionne à bras; il comporte le *mécanisme universel « Mabille »* avec disposition spéciale pour permettre la remontée accélérée du plateau presseur, aussitôt la pression terminée.

Un Pressoir n° 3, maie ronde tôle d'acier, sur bâti de dessous en bois et pieds, claie circulaire, système « Universel ».

Un Fouloir n° 1, modèle ordinaire, sur pieds : ce modèle de fouloir est établi sur bâti métallique reposant sur le châssis en chêne. Les cylindres sont à cannelures hélicoïdales et peuvent être rapprochés ou éloignés à volonté ; l'un des cylindres est monté sur glissières et maintenu contre l'autre par 2 ressorts à boudin, de manière à laisser passer les corps durs : pierres, bois, etc., qui peuvent être mélangés à la vendange, et à revenir aussitôt à sa position première.

Un Fouloir n° 1, modèle du Midi, sur roues; ces fouloirs sont établis pour rouler la vendange directement dans les cuves ou foudres surmontés d'un plancher.

Un Fouloir-égrappoir n° 1, cylindre en travers sur roues.

Une Presse continue n° 3, munie de poulies fixe et folle, sur roues.

La Maison Mabille obtint à l'Exposition Universelle de Paris (1900) un Grand-Prix et une Médaille d'Or; Grand-Prix à Saint-Louis (1904), et Grand-Prix à l'Exposition de Liège (1905).

A Milan, le Jury international lui décerna ***un Grand-Prix***.

Maison MAGNIER-BÉDU

Constructeur, à Groslay (Seine-et-Oise).

La Maison MAGNIER-BÉDU a été fondée en 1895, à Groslay.

Elle s'est particulièrement spécialisée dans la construction des instruments de culture, notamment des charrues brabants doubles et simples.

En 1900, elle obtint une Médaille d'Argent et la Croix du Mérite Agricole.

En 1904, une Médaille d'Or, à Saint-Louis.

A Liège 1905, un Grand-Prix.

A Milan, on remarqua dans les instruments exposés :

1° *Un nouveau Régulateur de traction pour charrues* présentant les avantages suivants : régler une fois pour toutes le point de traction en le plaçant à la distance voulue de l'axe de la charrue ; permettre de labourer les pointes de terre et de faire les fausses raies, même en marche, au moyen d'une vis qui se déplace progressivement sous l'action d'un volant.

Avec les anciens systèmes, le conducteur est obligé de changer le point de tirage à chaque bout du champ, tandis qu'avec le nouveau régulateur, la même distance se retrouve automatiquement en retournant la charrue.

Un nouvel avant-train remplace très avantageusement celui à vis et a sur ce dernier le mérite de la simplicité et de la rapidité dans les manœuvres. Il permet par le simple jeu des leviers, de régler et de modifier la profondeur du labour, d'équilibrer la traction et de varier la direction instantanément en travail, sans qu'il soit nécessaire d'arrêter l'attelage.

2° *Un Semoir à toutes graines* s'adaptant à la charrue. Ce petit semoir est très apprécié dans certaines régions par la petite culture faisant le semis sous raies. Cette méthode très utile pour les terrains à sous-sol imperméable, ou dans les terres sujettes à se dessécher, à l'avantage de préserver la semence de la gelée, le grain se trouvant enterré à une certaine profondeur; elle permet en outre d'aller vite en besogne, car elle supprime les façons de la herse et du scarificateur.

M. MAGNIER-BÉDU a été l'un des premiers à faire l'application de ce semoir aux charrues brabants, et cette application se fait à l'usine de Groslay depuis 7 à 8 ans.

3° *Une Déchaumeuse double* à tiges ou étançons en deux parties. Le système de tiges ou étançons mobiles en deux parties donne au conducteur de l'instrument toute facilité de remettre la machine en état en cas d'avarie.

4° *Une Houe française* « *Idéale* ». C'est une création de la Maison, et cette houe se transforme en bineuse sarcleuse, butteuse, charrue, arracheuse, rayonneuse, etc., etc.

Elle s'applique à tous travaux de binages, au buttage, au labour, à la plantation et à l'arrachage.

Elle est extensible, ses dents sont mobiles en tous sens, la tête munie d'un secteur perforé permet de déporter le tirage pour l'approche des plants.

Le Jury international accorde à M. MAGNIER ***un Grand-Prix***.

Maison MARMONNIER Fils

Avenue, Félix Faure, 101, à Lyon (Rhône).

Cette Maison fut fondée en 1835, et ses Usines couvrent actuellement une superficie de 22.000 mètres carrés.

C'est une des plus anciennes Maisons françaises qui se soit consacrée à la construction du Matériel vinicole.

Elle s'occupe spécialement de la fabrication des Pressoirs, et parmi ses créations, on peut citer :

Le Pressoir américain;

Le Pressoir à rotule;

Le Pressoir auto-déclic à levier dynamométrique; etc.

A Milan, la Maison MARMONNIER FILS exposait deux modèles de *Pressoirs mécaniques*, conformes à ceux qu'elle a installés dans les Établissements Cinzano, à San-Stefano et dans le domaine du Prince de Camporeale, à Palerme.

On pouvait y remarquer également des réductions de *chais modernes avec élévateur à vendanges, fouloir-égrappoir et fouloir-égouttoir*, *pressoirs mécaniques* répondant aux divers désidérata de la vinification en blanc et en rouge, ainsi que des modèles de sa fabrication.

Le Jury international accorde à la Maison MARMONNIER un ***Grand-Prix***.

Maison PINCHART-DENY (L.) et Fils

Ingénieurs-Constructeurs, 58, rue Saint-Sabin, à Paris.

Cette Maison est très ancienne dans la construction mécanique.

Elle s'occupe spécialement de *la perforation des métaux*.

Elle prit part à diverses Expositions, et sa participation lui valut, entre autres, les récompenses suivantes :

4 Médailles d'Or aux Expositions Universelles de Paris 1878-1889, un Grand Prix à Saint-Louis et à Lyon (1894) et 3 Grands-Prix à l'Exposition Universelle de Paris 1900.

A Milan, les produits qu'elle a exposés, représentent un groupement général des principaux spécimens de tôles, cuivre, zinc, etc., etc., perforés, recevant les plus diverses applications dans un grand nombre d'industries, parmi lesquelles sont à citer :

Les sucreries, raffineries, distilleries, minoteries, brasseries, produits chimiques, minerais, charbonnages, etc.

La perforation en fantaisie trouve son application dans la fumisterie, serrurerie, carrosserie, etc.

Cette Maison exporte en Espagne, Italie, Égypte, Suisse, Grèce, Russie et Angleterre.

Sa fabrication atteint un chiffre de 800 tonnes environ de métaux travaillés.

Le matériel et l'outillage pour l'usinage des produits exposés présentent encore un plus grand intérêt par leur importance et la précision qu'ils exigent.

Le Jury international accorde à la Maison Pinchart-Deny et Fils ***un Grand-Prix***.

ÉTABLISSEMENTS SIMON Frères

Ingénieurs-Constructeurs, à Cherbourg (Manche).

Les Établissements SIMON FRÈRES de Cherbourg ont été fondés en 1856 par M. Laurent SIMON, père des deux associés actuels qui ont été d'abord ses collaborateurs de 1879 à 1886, puis ses associés de 1886 à 1896, sous la raison sociale SIMON ET SES FILS et sont devenus les propriétaires-directeurs des Établissements actuels depuis 1896, sous la raison sociale SIMON FRÈRES.

Ces ateliers ont subi un développement constant; ils comprennent: fonderie, scierie, forges, tours, ajustage, montage, peinture, etc.; reçoivent les bois en grume, la fonte en gueuses, et livrent les machines entièrement fabriquées par leurs soins.

Les Établissements SIMON FRÈRES se sont spécialisés dans la fabrication des appareils de cidrerie, des appareils de vinification, des appareils de laiterie-beurrerie, et des appareils pour le travail des grains.

Ils ont pris part aux différentes Expositions Universelles et Internationales, ainsi qu'aux Concours régionaux de France et ont obtenu :

Une Médaille d'Or, à l'Exposition Universelle de Paris 1889.

Trois Grands-Prix aux Classes 35, 37, 55 et Médailles d'Or, Classe 36, à l'Exposition Universelle de Paris 1900.

Un Grand-Prix, à Hanoï, en 1903.

Un Grand-Prix, à Saint-Louis (États-Unis) en 1904, et un Grand-Prix, à Liège, en 1905.

A l'occasion de l'Exposition Universelle de Paris 1900, M. SIMON (Albert) a été nommé Chevalier de la Légion d'Honneur et M. SIMON (Auguste) Officier du Mérite Agricole.

Les Établissements SIMON FRÈRES exposent à Milan, dans le Pavillon d'Agriculture, une série d'appareils comprenant : des *Broyeurs de pommes*, dont un modèle dit « Broyeur Polylames » de création toute récente; *des Fouloirs à vendange*, *Fouloirs-égrappoirs*, *Fouloirs-égouttoirs*; *des Pressoirs à cidre et à vin*, à claie circulaire et avec toile et claies.

Les appareils ci-dessus ont été créés ou perfectionnés dans cette Maison, et ont fait l'objet de 64 Brevets français et étrangers ou certificats d'addition pris depuis 1887.

Toutes ces machines sont fabriquées en entier et par spécialités en séries dans ses ateliers.

Le Jury international a accordé à la Maison Simon Frères ***un Grand-Prix***.

ETABLISSEMENTS EGROT (Société Anonyme)

19-21-23, rue Mathis, à Paris (XIXe)

Cette Maison fut fondée en 1780.

A Milan, elle exposait divers types d'appareils de sa fabrication destinés à la production de l'alcool et aux industries alimentaires, parmi lesquels nous avons surtout remarqué :

Un *Alambic brûleur*, système « Egrot » destiné à la distillation des vins et des marcs pour la production d'eau de vie.

Un *Alambic spécial* pour la fabrication des liqueurs.

Un *Appareil de distillation* continue à colonne inclinée, système « Guillaume » également pour la distillation des vins avec production d'alcool à 92° Gay-Lussac.

Son exposition comportait également :

Des *Appareils pour la fabrication des conserves* : chaudière autoclave pour la stérilisation, bassine basculante pour la cuisson, appareil à vide pour la concentration en particulier des jus de tomates.

Comme toujours, les appareils fabriqués par la Maison EGROT sont remarqués par une excellente construction et une grande perfection.

Le Jury international décerne à cette Maison ***un Grand-Prix***.

Maison THIRION (H.)

Constructeur, à Paris.

Cette Maison fut fondée par MM. Thirion père et fils, en février 1868. Au début, elle ne s'occupait que de la fabrication des *porte-bouteilles* et *égouttoirs en fer*, auxquels M. Thirion fils a depuis 1872 apporté divers perfectionnements après avoir créé un outillage spécial pour leur construction. En 1875, ce dernier commença la fabrication des *machines à boucher* les bouteilles, et depuis cette époque, il n'a cessé de les perfectionner.

A Milan, la Maison Thirion exposait :

Ses divers modèles *de Machines à tirer*, pour mise en bouteilles des eaux minérales, gazeuses et non gazeuses, bières, vins mousseux, etc.

Et ses divers modèles *de Machines à boucher et capsuler les bouteilles* automatiquement.

Toutes ces machines, soit à la main ou au moteur, sont étudiées d'après les derniers perfectionnements de la mécanique moderne; leurs formes élégantes, ainsi que leurs mouvements simples, leur construction robuste et soignée, la facilité de les conduire, leur rendement supérieur à tout ce qui existe, en font des machines de premier ordre et de grande durée.

La Maison Thirion obtint à l'Exposition Universelle de 1900 une Médaille d'Or, et un Grand-Prix, à l'Exposition de Liège (1905).

Le Jury international a accordé à cette Maison **un Grand-Prix**.

Maison VIDAL-BEAUME

Constructeur, à Boulogne-sur-Seine.

Fondée en 1860, par M. Beaume (Léon), cette Maison s'occupe spécialement de la construction des Pompes, Moulins à vent, Manèges et Béliers hydrauliques, et de l'installation générale d'élévations et de distributions d'eau. Elle fabrique également des pompes pour tous usages, et pour toutes sortes de liquides, froids ou chauds.

Le titulaire actuel, M. Vidal-Beaume, succéda au mois de janvier 1895, à son beau-père dont il avait été le collaborateur pendant six années.

La Maison Vidal-Beaume exposait à Milan, dans le Pavillon de l'Agriculture :

1° *Un Bélier hydraulique* à renouvellement d'air automatique.

2° *Une Pompe à double effet*, à grande vitesse, pour élever l'eau à grande hauteur, et commandée par courroie.

3° *Une Pompe à volant*, à simple effet, pour petites élévations.

4° Une Pompe à purin montée sur chariot, à corps vertical d'un débit de 18.000 litres à l'heure.

5° Une autre *Pompe à purin* à deux corps, montée également sur chariot, d'un débit de 12.000 litres.

6° Une *Pompe de soutirage* de 45 hectos, à corps horizontal à commande directe par volant, pivotant sur son chariot.

7° Une autre *Pompe de soutirage rotative*, également pivotante et de 50 hectos.

La progression de la Maison se lit dans l'énumération des récompenses obtenues aux Expositions Universelles de Paris.

En 1878, elle obtenait une Médaille d'Or, une Médaille d'Argent et trois Médailles de Bronze.

En 1889, une Médaille d'Or, trois d'Argent et une de Bronze.

En 1900, trois Médailles d'Or, une d'Argent et une de Bronze.

En 1905, à Liège, un Grand-Prix.

Également pour l'Exposition Internationale de Milan, le Jury lui décerne ***un Grand-Prix***.

CHAMBRE SYNDICALE et FÉDÉRATION des PATRONS MARÉCHAUX-FERRANTS

de Paris et des Départements limitrophes.

La Chambre Syndicale des Patrons Maréchaux-Ferrants de Paris ayant maintenant pour Président le distingué M. A. PEILLON, a exposé dans le Groupe 62 un *tableau collectif* de fers, pieds ferrés et pièces diverses et une vitrine de pièces anatomiques, et de préparations appartenant à *l'École de Maréchalerie* fondée en 1902 par cette Chambre Syndicale, à Paris, 289, rue du Faubourg Saint-Antoine.

Ses collaborateurs exposent en outre des fers divers que l'on peut classer en :

1° *Ferrures palliatrices*, destinées à dissimuler certains défauts d'allure.

2° *Ferrures préventives*, destinées à prévenir les maladies de pied.

3° *Ferrures réparatrices*, qui ont pour but de guérir les maladies du pied et les vices d'aplomb.

4° *Ferrures conservatrices*, destinées à converver l'intégrité des organes.

5° *Ferrures pathologiques et chirurgicales*, dont l'emploi complète l'action du chirurgien ou permet l'application de pansements. La Chambre Syndicale des Patrons Maréchaux obtint un Grand-Prix à l'Exposition Universelle de 1900 ainsi qu'à l'Exposition de Liège en 1905.

En raison de la supériorité de son exposition qui a intéressé profondément le Jury, ce dernier lui a décerné ***un Grand-Prix avec copie pour chacun de ses collaborateurs.***

DIPLOMES D'HONNEUR

Maison BARBOU Fils

Constructeur, 52, rue Montmartre, Paris.

La Maison BARBOU de Paris a été fondée en 1830 par M. BARBOU grand-père, inventeur et fondateur de l'industrie du *Porte-bouteilles en fer*. Il eut pour successeurs ses deux fils MM. BARBOU, (Léon et Victor) puis en 1898, M. BARBOU (Gaston) son petit-fils.

La Maison BARBOU a pris part depuis 1830 à toutes les grandes Expositions Universelles et Étrangères.

A l'Exposition de Milan, cette Maison expose son matériel de caves qui lui a valu une réputation universelle: *Porte-Bouteilles*, *Egouttoirs en fer* de divers modèles et *Chariots égouttoirs* pour distillateurs, *Machines à rincer*, *à remplir*, *à boucher et à capsuler les bouteilles*, *etc.*

M. BARBOU présente au Jury international une très intéressante Machine à remplir les bouteilles avec arrêt du liquide par contact électrique, puis un nouveau *Frein hydraulique* adapté aux machines à boucher les bouteilles, rendant celles-ci absolument immobiles pendant l'introduction du bouchon dans les bouteilles.

Le Jury international accorde à M. BARBOU FILS un ***Diplôme d'Honneur***.

Maison BEAUPRÉ (E.)

Ingénieur-Constructeur, à Montereau (Seine-et-Marne).

La Maison fut fondée par M. Bertin Père, en 1867. Elle construisait alors les Batteuses fixes à manège et faisait ses premiers essais de batteuse à plan incliné avec vannage. M. Bertin perfectionna ce modèle, et dès 1878, à l'Exposition universelle de Paris, avait un grand succès. La construction de cette machine se développa et la réputation de la Maison grandit. M. Bertin Père fut nommé Chevalier du Mérite Agricole, en 1885.

En 1891, M. Beaupré, Ingénieur des Arts et Manufactures reprit l'affaire. En 1895, il créait le modèle de batteuse solidaire avec moteur à pétrole, sous le nom de *Motobatteuse à pétrole*. Cette machine nouvelle présentée au Concours agricole de Paris, en 1896, fut très remarquée.

La Maison Beaupré obtint à l'Exposition Universelle de Paris (1900) Médaille d'Argent et Croix du Mérite Agricole. Concours international des Moteurs à alcool organisé par le Ministre de l'Agriculture (mai 1902) 2 Premiers Prix, 2 Médailles d'Or; Exposition Internationale de Lille (1902) Diplôme d'Honneur; Exposition d'Hanoï (1902) Médaille d'Argent; Exposition d'Arras (1904), Médaille d'Or.

En 1905, à Liège, une Médaille d'Or.

M. Beaupré expose à Milan une *Batteuse à plan incliné*, et une *Motobatteuse à pétrole*.

La *Batteuse à plan incliné* est du type n° 5, à secoueurs articulés. L'arbre de tarare transmet son mouvement par un excentrique, et une bielle souple aux organes de nettoyage sans aucune autre articulation. Tous les organes sont étudiés pour permettre de travailler avec une pente minimum.

La *Motobatteuse* à pétrole est du type E avec moteur de six HP pétrole ordinaire du commerce, allumage par brûleur à pétrole, régulateur à pendule, graisseur automatique, alimentation par un réservoir spécial à niveau constant. Le moteur est refroidi par un petit réservoir d'eau de 30 litres complété par le condenseur abri-réfrigérant breveté S.G.D.G.

Le Jury international lui accorde un ***Diplôme d'Honneur***.

Maison GOUGIS

Constructeur, à Auneau (Eure-et-Loir).

Cette Maison fut fondée, en 1867, à Gallardon (Eure-et-Loir) par M. Gougis (Célestin).

Transportée en 1878, à Auneau, elle construisait tous les instruments nécessaires à l'agriculture.

Son développement n'a pris de l'extension que depuis une quinzaine d'années, quand sa fabrication s'est limitée à la construction des semoirs.

Son propriétaire actuel est le fils du fondateur, M. Gougis (Albert). Comme il est dit plus haut, il s'est consacré entièrement à la construction des semoirs : *semoirs en ligne*, *semoirs à la volée*, *semoirs à betteraves et distributeurs d'engrais*.

Ces instruments ont été présentés pour la première fois à l'Exposition de Paris, en 1900, où ils ont obtenu une Médaille d'Argent, et à Liège, une Médaille d'Or.

Ils présentent les caractéristiques suivantes :

1° *Le semoir en ligne type « Le Robuste »* à 11 socs, distributions à cuillers et avant-train se conduisant de l'avant, a été créé surtout pour les terres fortes. Il est d'une grande solidité, tout en étant cependant relativement léger. Sa distribution est à cuillers doubles. Elle permet par un seul retournement de semer les grains les plus divers. Les trémies recevant le grain sont d'un modèle breveté. Elles permettent de retirer l'arbre des cuillers sans avoir à les démonter. De plus, leur mouvement pour interrompre la distribution dans les coursons, se fait du dehors, évitant par cela même de se faire blesser par les cuillers. Le réglage de la distribution est fait par un système d'engrenage très simple. La caisse peut être vidée sans aucun démontage, au moyen de portes spéciales qui peuvent se remplacer par des grilles retirant la poussière et les petites graines qui peuvent se trouver dans les grains à semer et qui tombent alors dans l'augette placée sous la caisse.

2° *Le distributeur d'engrais type « Le Rustique »*, de 2 mètres de largeur, avec fond mouvant et hérisson, est caractérisé par son fond mouvant amenant l'engrais à la portée du hérisson qui le répand sur le sol. Son réglage excessivement simple se fait par le moyen d'une vis dont le volant est placé à gauche, et que hausse et baisse rapidement et très sûrement à la fois les deux côtés de la vanne, ce qui permet de faire varier l'épandement depuis 75 jusqu'à 2.000 kilogrammes à l'hectare.

A Milan, la Maison Gougis exposa donc ses divers instruments, et le Jury international lui accorda un ***Diplôme d'Honneur***.

Maison LAPOINTE et DERAIN

Constructeurs-Mécaniciens, 28, rue Godefroy-Cavaignac, Paris.

Cette Maison fut fondée en 1831.

A Milan, elle exposait des *Appareils à rincer les bouteilles intérieurement*, en projetant dans le récipient un jet d'eau continu, en même temps qu'un balai métallique tournait vivement, et détachait les tartres et tannins contenus dans la bouteille.

Les spécimens exposés se composaient d'Appareils fonctionnant à la main.

En outre, se trouvaient des Machines lavant deux bouteilles à la fois, soit en maintenant ces bouteilles avec la main, soit que les bouteilles soient maintenues d'elles-mêmes et subissaient un mouvement ascensionnel. Ce dernier modèle se trouvait représenté par des appareils pouvant laver 2, 4, 8 ou 12 bouteilles à la fois, et le dernier numéro pouvant laver 12.000 bouteilles par jour avec un service de deux hommes.

(Machine brevetée du système de cette Maison).

Pour compléter, la Maison Lapointe et Derain avait également exposé une *Machine à capsuler*, brevetée de son système, dont la caractéristique principale était l'ouverture du manchon de sertissage une fois le travail terminé, en même temps qu'un mouvement rappelait immédiatement le manchon à son point de départ, en évitant de refaire autant de tours de manivelles que pour l'avancée de ce manchon.

Cette Maison est en outre la première qui ait construit ce genre d'appareils.

Le Jury international accorda à la Maison Lapointe et Derain un ***Diplôme d'Honneur***.

Maison MAHOT (E.)

Ingénieur-Constructeur, à Ham (Somme).

Cette Maison fut fondée en 1848 par M. Fossier mécanicien. Reprise en 1875 par son gendre M. Mahot (Eugène), ancien élève des Arts et Métiers qui, après avoir passé dans plusieurs grands Établissements au titre d'ingénieur et de chef d'atelier, se spécialisa dans les instruments agricoles et les appareils de sucrerie.

Aux Expositions Universelles de Paris 1878, 1889, 1900, il obtint successivement les Médailles d'Argent et d'Or, et en 1900, fut nommé Officier du Mérite Agricole. A Saint-Louis 1904, le Jury lui décerna la Médaille d'Or, et à Liège, en 1905, un Diplôme d'Honneur.

Parmi les créations de la Maison, nous citerons les Semoirs à volée, Semoirs à engrais, etc.. etc. Les Trieurs nettoyeurs pour graines de betteraves, enfin les Pulvérisateurs à traction animale pour la destruction des sanves et le traitement des maladies de pommes de terre.

Le *Pulvérisateur* exposé par M. Mahot est d'une construction très soignée. Le tonneau est en cuivre, ainsi que les pièces mécaniques en contact avec les liquides. Le pressoir est très régulier et facilement réglable.

Toute rupture est évitée par la soupape de retour de réglage.

La rampe d'épanchement peut se réduire à volonté, ainsi que les jets que l'on peut supprimer.

Le Jury international accorda à M. Mahot (E.) ***un Diplôme d'Honneur***.

Maison SOUCHU-PINET

Constructeur, à Langeais (Indre-et-Loire).

Maison fondée en 1864 par l'exposant. Construction soignée en fer et en acier, comprenant presque la totalité des instruments d'extérieur, et tout spécialement les instruments viticoles qui sont connus et appréciés dans tous les pays où l'on cultive en ligne.

Ces instruments viticoles forment une collection de 150 instruments et numéros différents, permettant par leur variété de pouvoir choisir ceux qui conviennent aux terrains les plus légers comme les plus difficiles.

La *Charrue vigneronne* peut se transformer par le moyen de corps de rechange en plus de 40 instruments différents, ce qui est un grand avantage, puisque les corps coûtent moitié d'un instrument complet.

Chaque année apporte des instruments nouveaux ou perfectionnés dont les derniers sont :

La *Charrue Tonkinoise* spécialement faite pour l'Exposition d'Hanoï, où elle a obtenu un succès aux essais qui s'y sont faits; un nouveau *Trisoc*; un *Rouleau* « *Croskill* » pour vignes, indispensable après les premiers labours en terrains lourds pour préparer le passage de la houe; les instruments à levier : charrues, bisocs, trisocs, butteurs, et divers modèles de Houes permettant de les régler en marche et sans arrêt; enfin, une collection *de Houes*, *Extirpateurs*, *Scarificateurs* et *Herses vigneronnes* de différentes forces et pour tous les terrains possibles.

Un *Harnais viticole*, qui, depuis 1874, a rendu les plus grands services. En plus, les *Charrues fouilleuses* et défonceuses, *Arrache-pommes de terre*, *Arrache-chanvre*, *Herses articulées*, *Herses à chaînons de plusieurs modèles*.

La plus grande partie des instruments créés par la Maison sont vendus avec garantie. La production augmente chaque année. La Maison fait l'exportation.

Paris 1900, Médaille d'Or; Hanoï 1903, Médaille d'Or; Saint-Louis 1904, Médaille d'Or; Commandeur du Mérite Agricole en 1902; Liège 1905, un Diplôme d'Honneur.

Le Jury international lui accorde ***un Diplôme d'Honneur***.

Maison THOMAS et NORMAND

Constructeurs, à Mantes-sur-Seine (Seine-et-Oise).

MM. Thomas et Normand sont les successeurs de M. Voitellier, constructeur, à Mantes.

Ce dernier non seulement s'est fait une grande spécialité dans l'Aviculture, mais encore à côté de son élevage si réputé, avait monté des Ateliers pour la construction des appareils destinés à l'élevage des animaux de basse-cour.

Ses successeurs ont continué ses traditions et dans tous les concours, nous sommes heureux de voir l'exposition de bons appareils toujours des mieux compris et des plus perfectionnés.

Couveuses, *Poulaillers*, *Abreuvoirs*, *Niches* et *Pigeonniers* rivalisent contre toute concurrence.

Le Jury international accorde à la Maison Thomas et Normand **un Diplôme d'Honneur**.

M. VOITELLIER (Henri)

27, Boulevard Saint-Michel, Paris.

M. Voitellier (Henri) ancien Aviculteur et Constructeur de Couveuses artificielles et de Matériel d'élevage, Ex-Vice-Président de la Chambre Syndicale des Constructeurs de Machines agricoles de France, actuellement Publiciste agricole, expose un *Guide Pratique de l'Éleveur d'Animaux de Basse-Cour*.

Sous le couvert d'une élégante brochure intitulée *Les mois avicoles*, M. Voitellier (Henri) a réuni en une forme à la fois simple et claire, tout ce qu'une expérience de trente ans de pratique agricole a pu lui suggérer d'observations; tous les conseils pouvant servir à la réussite des couvées, à l'élevage des poulets, des dindons, des oies, des canards, des lapins, et aussi des oiseaux de chasse; à la sélection des reproducteurs, à l'engraissement et aux choix des races, tant au point de vue du produit que de l'agrément.

Ce livre d'un caractère absolument original, dans lequel il serait impossible de trouver le moindre point de ressemblance avec des publications analogues précédentes, est aussi intéressant qu'instructif.

Il est récompensé par ***un Diplôme d'Honneur***.

Maison GUILLEBEAUD (Th.)

Constructeur, à Angoulême (Charente).

La Maison GUILLEBEAUD d'Angoulême s'occupe de la fabrication des pompes à vins et de robinetterie spéciale pour caves et chais.

A Milan, elle exposait des *Pompes à vins et spiritueux* marchant à bras et au moteur, *des Réfrigérants* spéciaux pour refroidir les moûts de vins au moment des vendanges, *des Robinetteries* spéciales pour caves et chais polies, nickelées et argentées, *des Tireuses* spéciales tout en cuivre pour bouteilles ; elle exposait en outre des *Pompes* avec moteur accouplé sur un même charriot marchant à l'essence, au pétrole ou au gaz, et une Installation de caves avec disposition spéciale.

Le Jury accorda à la Maison GUILLEBEAUD ***un Diplôme d'Honneur***.

SYNDICAT AGRICOLE DU GARD

14, Boulevard des Arènes, à Nîmes.

Le Syndicat Agricole du Gard date de 1885.

Il exposait à Milan le graphique de ses opérations pendant les vingt dernières années, ce qui a beaucoup intéressé le Jury.

Il obtint aux Expositions de 1889 et 1900 à Paris, un Diplôme d'Honneur, ainsi qu'à Liège en 1905.

Le Jury décerne au Syndicat Agricole du Gard ***un Diplôme d'Honneur***.

MÉDAILLES D'OR

Maison BESNARD, MARIS et ANTOINE

Ingénieurs-Constructeurs, à Paris.

La Maison Besnard, Maris et Antoine dont le siège social est à Paris, 60, boulevard Beaumarchais, a été fondée en 1854, par M. Maris (J.) qui s'adjoignit en 1869, M. Besnard (F.). Spécialisée dans la fabrication de la petite chaudronnerie, la Maison employa son outillage à la construction de pulvérisateurs pour la vigne, dès que les maladies cryptogamiques s'abattirent sur les vignobles.

Depuis cette époque, M. Besnard (F.) s'associa son fils aîné et ses deux gendres : MM. Besnard (F.), Maris (G.) et Antoine, Ingénieurs civils qui s'appliquèrent à donner à l'industrie des instruments agricoles un réel essor, car chaque année, de nouveaux appareils appropriés aux besoins de la viticulture : Soufreuses, Alambics, Pasteurisateurs, etc., furent créés et vite appréciés par les viticulteurs.

C'est ainsi que les anciens Ateliers de Paris devinrent insuffisants, et que l'usine actuelle fut édifiée à Vitry-sur-Seine, comprenant des ateliers de chaudronnerie en cuivre et ferblanterie, de tournage, repoussage, emboutissage, estampage, montage, nickelage et polissage, montés avec un matériel et un outillage des plus modernes.

Disons enfin que la Maison Besnard a remporté de nombreux succès dans tous les Concours Agricoles et Expositions Universelles, Françaises et Étrangères, auxquels elle a pris part, et qu'à l'Exposition de 1900, elle fut mise Hors-Concours, et son chef M. Besnard fait Chevalier de la Légion d'Honneur; à Liège (1905) elle obtenait également une Médaille d'Argent.

A Milan, la Maison BESNARD, MARIS ET ANTOINE expose en dehors de ses instruments spéciaux de viticulteurs : *Alambics*, *Pasteurisateurs*, etc., deux *Dispositifs de pulvérisation* pour la destruction des sanves, senès, silphes de la betterave et autres parasites qui envahissent les plantes cultivées.

Le Jury international accorde à cette Maison ***une Médaille d'Or***.

Maison BEUSNIER (E.)

Constructeur, à Saint-Cloud (Seine).

Cette Maison fut fondée en 1850 par M. SEIGNANT, dont M. BEUSNIER (Eugène) fut le successeur.

Elle s'occupe principalement de la construction des Chariots pour la transplantation des arbres, et est le fournisseur de principales villes de France et de l'Étranger.

Elle construit également les Tonneaux d'arrosage perfectionnés et les Cylindres compresseurs à traction animale depuis 1 cheval jusqu'à 6 chevaux, etc.

A Milan, la Maison BEUSNIER exposait :

Ses modèles de chariots à transplanter les arbres à 2 et 4 roues qui sont d'une grande utilité pour les grosses transplantations : la ville de Paris en fit usage, en 1900, pour enlever tous les gros arbres et les replanter en lieux divers, afin de faire place pour l'édification du Petit et Grand Palais des Champs-Élysées.

Elle exposait également divers modèles de *Tonneau d'arrosage*, de *Cylindre compresseur*, *Balayeuse mécanique*, etc., le tout à traction animale.

Cette Maison a pris part à diverses Expositions Universelles, et sa participation lui valut des récompenses dont plusieurs ***Diplômes d'Honneur***.

Le Jury international accorde à la Maison BEUSNIER ***une Médaille d'Or***.

Maison BILLIOUD

Ingénieur-Constructeur, 46, rue Albouy, Paris.

Cette Maison eut comme fondateur M. Pernollet dont les tarares et trieurs ont une réputation universelle.

A Milan, nous remarquons spécialement à son exposition un *Trieur à émotteur automatique.*

Les perfectionnements apportés aux Trieurs « Pernollet » consistent principalement dans le dispositif dit à émotteur automatique.

Ce dispositif a pour but :

1° De faciliter le réglage du trieur et d'améliorer son fonctionnement : le réglage se fait une fois pour toutes, le distributeur de grains ne fonctionnant que lorsque la machine est en marche et alimentant avec une grande régularité très favorable au bon fonctionnement du trieur.

2° D'augmenter le débit du trieur, par la disposition du porte-grilles qui reçoit une secousse plus uniforme par la distribution meilleure du grain qui se répartit sur toute la surface de la grille, sans qu'il se produise d'agglomération, et par la position des grilles qui sont horizontales au lieu d'être inclinées.

3° De rendre le chargement et la réception du grain plus facile, cela par le système de déversement du grain dans le cylindre qui se fait par l'avant, et non par le dessus : disposition qui permet d'abaisser notablement la trémie, et par suite d'établir des trieurs à bâti surélevé dans lesquels toutes les catégories de grains sont reçus dans des sacs. Cette disposition réalise absolument le fonctionnement automatique du trieur et réduit considérablement les frais de main-d'œuvre.

Le Jury international a décerné à la Maison Billioud ***une Médaille d'Or***.

Maison CARAMIJA Frères

17 et 19, rue Ruty, Paris.

La Maison CARAMIJA FRÈRES de Paris expose à Milan une série de Trieurs bien connus qu'elle construit en spécialité.

Son exposition comprend aussi des *Cribleurs*, *Hache-Paille*, *Brise-Tourteau*, *Moulins-Aplatisseurs*, etc., de la marque « Bentall » qu'elle livre à l'agriculture depuis plus de 20 ans.

Enfin, cette Maison présente un *moteur à pétrole* « Campbell » de la puissance de 4 chevaux 1/4.

MM. CARAMIJA FRÈRES sont les agents généraux pour la vente en France de l'importante marque « Campbell », et ont exécuté de nombreuses installations de moteurs à pétrole, à gaz de ville, et à gaz pauvre, tant en industrie qu'en agriculture.

Le Jury international accorde à la Maison CARAMIJA FRÈRES ***une Médaille d'Or***.

Maison CAUCHEPIN (L.)

Machines Agricoles, à Bernay (Eure).

La Maison CAUCHEPIN (Louis) de Bernay qui fut fondée en 1872, s'occupe principalement de la machine agricole, et en spécialité de serrurerie et mécanique agricole, barrières de ferme, clôtures, installations de laiterie, etc.

M. CAUCHEPIN fut le propagateur de la machinerie agricole dans le Calvados ; il a fait fonctionner en public les *Écremeuses* « Laval » dans cette région, en 1882, et a suivi comme collaborateur les Concours spéciaux de laiterie organisés au Concours général de Paris, aux Concours régionaux de Saint-Lô, Caen, etc...

A Milan, cette Maison exposait :

Des types d'*Usines agricoles annexées à la ferme*, et tirées d'installations faites par l'exposant dans les départements de l'Eure et du Calvados.

A l'Exposition Universelle de 1900 la Maison CAUCHEPIN recevait une Médaille d'Argent et une de Bronze.

A Milan, le Jury lui accorde ***une Médaille d'Or***.

Maison CHAUSSADENT (A.)

Constructeur, à Moissy-Cramayel (Seine-et-Marne).

Ancien chef d'atelier des Usines Decauville, M. CHAUSSADENT s'est installé à Moissy-Cramayel, en 1880, en s'occupant de la réparation de *faucheuses, moissonneuses, semoirs, machines à battre et à vapeur, distilleries agricoles.*

Quelques mois après, il se mit à construire les pièces de rechange pour toutes faucheuses, moissonneuses et herses de fabrication française, anglaise et américaine.

A la suite de la disparition de la Maison BEN-REID, en France, il a continué la fabrication des Semoirs à la volée, à hélices, en y apportant de nombreuses modifications.

Aux Expositions de 1889, Médaille d'Argent; de 1900, Médaille d'Or; de Saint-Louis, Médaille d'Argent; M. CHAUSSADENT fut nommé Chevalier du Mérite Agricole, le 27 octobre 1900 et Officier du Mérite Agricole, le 13 janvier 1905.

Outre les Semoirs à la volée du système Ben-Reid, M. CHAUSSADENT construit encore le *Distributeur d'engrais à fond cylindrique roulant et à hérisson.* Simples de mécanisme, faibles de poids, d'un prix relativement bas, les instruments de cette Maison sont bien construits et d'un prix modique.

Divers instruments parmi lesquels des *Coupe-Racines*, des *Meules émeri*, *Concasseurs de grains*, complètent l'intéressante exposition de M. CHAUSSADENT auquel le Jury accorde ***une Médaille d'Or***.

Maison DENIS

Constructeur, à Brou (Eure-et-Loir).

La Maison Denis a été fondée à Brou, en 1855, par le père de l'exposant.

Aux Expositions de 1889 et 1900, M. Denis obtint une Médaille d'Argent, et à Liège, une Médaille d'Or.

Dans le stand de cette Maison, le Jury examine un nouveau *Trieur* qui opère sur les graines longues et rondes, au moyen des alvéoles fraisées et fabriquées dans son usine. Le ventilateur très puissant, malgré sa grande légèreté de fonctionnement, trie les mauvaises graines par leur densité, quels qu'en soient la forme et le volume; de plus, sa puissance est modérée par deux systèmes différents. Les diviseurs possèdent au lieu de brosses des palettes qui les nettoient continuellement sans donner aucune poussière.

Le Jury international accorde à M. Denis ***une Médaille d'Or.***

Maison DUMAINE (A.)

Constructeur, à Moissy-Cramayel (Seine-et-Marne).

La Maison DUMAINE (A.) a exposé en 1890, au Concours agricole de Paris, le Distributeur d'engrais, le « *Boisrenoult* », qui a obtenu un très vif succès auprès des agriculteurs et dans les différents Concours d'essais sur terrain dont le premier à Mantesen 1890, où il obtint le premier prix, Médaille d'Or; à l'Exposition Universelle de Lyon, en 1894, il obtint une Médaille d'Argent.

En 1897, M. DUMAINE (A.) a fait construire le *Pulvérisateur à traction*, le « *Vigoureux* », avec lequel il obtint en 1899, dans divers Concours d'essais, trois Premiers Prix : Pithiviers, 14 mai 1899; Chaumont-en-Vexin, 18 mai 1899; Saint-Quentin, 31 mai 1899; Médaille d'Or, à l'Exposition Universelle de Paris 1900, et en juin 1905, à Taverny (Seine-et-Oise) premier prix, Médaille d'Or.

En 1902, deux nouveaux *Distributeurs d'engrais*, dont un pour vignes basses, et l'autre pour vignes sur fils de fer, sont construits et exposés au Concours agricole de Paris, en 1903.

Enfin, en 1904, M. DUMAINE (A.), construit un *Moulin combiné*, « *le Joël* », pour concasser, moudre et aplatir tous les grains.

La Maison DUMAINE (A.) expose à Milan :

Un *Distributeur d'engrais*, le *Boisrenoult* n° 1, pour petite culture, et un *Moulin combiné*, *le Joël*, pour marcher à bras et au manège.

Les caractéristiques des machines exposées sont les suivantes :

Le *Distributeur d'engrais, le Boisrenoult*, a 1 m. 50 de largeur de caisse, est le plus petit modèle construit par la Maison et peut être conduit par un petit cheval ou un mulet; c'est l'instrument de la petite culture et des pays où les chemins encaissés et étroits ne permettent pas de circuler avec les autres modèles qui ont 2 mètres, 2 m. 50 et 2 m. 75 de largeur de caisse, avec limonière ou avant-train.

Le *Moulin combiné le Joël*, d'une extrême simplicité, a le grand avantage de faire à lui seul le travail du concasseur, du moulin et de l'aplatisseur.

Le Jury international accorde à la Maison DUMAINE ***une Médaille d'Or.***

Maison FONTAINE-SOUVERAIN Fils

9, rue des Roses, à Dijon (Côte-d'Or).

La Maison Fontaine-Souverain Fils s'est spécialisée dans l'Industrie horticole : Meubles et Jeux de Jardins Fruitiers, Claies, Stores, Treillages, Clôtures, etc... et principalement dans la fabrication des Échelles : simples, doubles, à coulisses, etc.

A Milan, dans un portique à colonnes tout en treillages décoratifs se trouvaient exposés les spécimens de la fabrication de cette Maison et beaucoup de son invention :

Bacs, *Caisses à fleurs*, *Claies à ombrer les serres*, *Chèvalet avec scie articulée* pour bois de chauffage.

Échelles simples, *doubles et à coulisses la Dijonnaise* système déposé et perfectionné; dans ces échelles à coulisses, l'armature est tout en fer forgé sans aucun ressort, et sans fil de fer de déclanchement, celui-ci étant automatique.

Ces échelles sont construites de 6 m. 50, longueur fermée; si l'on désire atteindre plus de 12 mètres, l'échelle est construite en 3 parties qui peuvent atteindre 16 mètres à 16 m. 50; en 4 parties, elle peut se développer jusqu'à 22 mètres: fermée 6 m. 50. Ce genre d'échelle est en outre facile, à manœuvrer et surtout facile à remiser. On tient compte pour leur construction de la longueur des neigeons qui servent journellement à leur transport.

Divers autres modèles d'échelles étaient en outre exposés :

Échelle perfectionnée pouvant servir d'échelle à coulisses et d'échelle double, *Echelles à transformations* pouvant servir d'échelle simple et d'échelle double.

Escabeaux à bascules, *Chaises formant échelle*, etc... etc.

Kiosque en réduction, avec spécimens de bois découpé, *fruitiers portatifs*.

Le Jury international accorde à la Maison Fontaine-Souverain Fils ***une Médaille d'Or***.

Maison FOUCHÉ (Frédéric)

Ingénieur-Constructeur, à Paris.

La Maison FOUCHÉ (Frédéric), de Paris, dirigée depuis 1867 par M. FOUCHÉ (Frédéric), Ingénieur-Constructeur E. C. P. présente à l'Exposition de Milan les quatre appareils suivants :

Un « *Aerocondenseur* » du type dit « à courant d'air horizontal » le plus habituellement employé pour l'utilisation de la chaleur contenue dans la vapeur d'échappement des machines à vapeur pour les chauffages et séchages sans aucune dépense de combustible. L'appareil exposé possède un ventilateur de 2 m. 25 de diamètre. Il est capable de condenser par heure : avec vide, 1.000 kilogrammes de vapeur; sans vide, 1.650 kilogrammes de vapeur.

Un *Aerocondenseur* du type « Westralia », à courant d'air vertical, plus particulièrement appliqué à la condensation de la vapeur avec vide ou sans vide, sans aucune dépense d'eau. L'appareil exposé possède également un ventilateur de 2 m. 25 de diamètre. Il est capable de condenser par heure : avec vide, 800 kilogrammes de vapeur; sans vide, 1.350 kilogrammes de vapeur.

Un *Condenseur à surfaces ondulées* du type 4 condensant par heure 3.600 kilogrammes de vapeur avec vide.

Un *Aerorefrigerant* pour la réfrigération des soutes à munitions des navires de guerre, du type de « 2.000 mètres cubes à l'heure ».

Et enfin un *Aerocondenseur*, pour locomotive, qui offre de très grands avantages dans les pays où l'eau est rare et de mauvaise qualité, comme dans l'Australie, le Sud-Algérien, le Soudan, car il assure le fonctionnement des locomotives sans approvisionnement d'eau, et en outre une foule davantages qui le rendent d'une utilité incontestable.

Le Jury international accorde à la maison FOUCHÉ ***une Médaille d'Or***.

ÉTABLISSEMENTS SAVARY, SOCIÉTÉ GAUTIER et Cie

Ingénieurs-Constructeurs, à Quimperlé (Finistère).

La Maison fut fondée, en 1874, par M. SAVARY (A.), ancien élève des Écoles d'Arts et Métiers.

Elle a ses ateliers à Quimperlé (Finistère) et est gérée depuis 1899, par M. GAUTIER (Frédéric) ingénieur des Arts et Manufac-factures (École Centrale de Paris) et des Arts et Métiers (École d'Angers).

Ces Établissements ont puissamment contribué à l'extension du machinisme agricole en Bretagne. Ils se sont plus spécialement attachés à l'étude et à la construction :

1° Des Machines agricoles pour la moyenne et petite cultures.

2° Du petit matériel des gares, magasins, docks, etc.

3° Du mobilier scolaire.

Neuf Médailles d'Or et 4 Médailles d'Argent aux dernières Expositions Universelles de Paris (1878, 1889, 1900) et la Médaille d'Or à l'Exposition de Saint-Louis, sont venues récompenser cette Maison.

Les instruments exposés donnent lieu aux remarques particulières suivantes :

Pressoir à mouvement vertical, dont le mécanisme utilise non seulement la force musculaire de l'homme, mais aussi le poids de l'opérateur. De plus, il évite tout déplacement au tour de la maie, tend à appliquer fortement le bâti sur le sol, et par suite, ne provoque aucune dislocation des assemblages.

Le mécanisme se compose de quatre pièces principales :

1° L'entablement, porteur d'un tourillon en acier sur lequel se placent librement le pignon et le volant.

2° La roue à double cloisonnement qui sert d'écrou.

3° Le pignon à rochet.

4° Le volant à emboîtures. Manège à pivot avec bâti en acier.

Une pièce unique en acier portant directement sur l'entablement a remplacé les pièces de fonte et de bois assemblées et empêche la production de tout ébranlement.

Broyeurs d'ajoncs et de sarments. Les broyeurs divisent les iges d'ajoncs en fragments de quelques millimètres de longueur, t leur font subir ensuite, entre des cylindres taillés en pointes de iamant, une pression telle qu'elles sont réduites à l'état de iousse et peuvent être serrées dans la main sans causer de iqûre. Elles sont ainsi particulièrement propres à l'absorption our le bétail et constituent une alimentation précieuse.

Le Jury international accorde à la SOCIÉTÉ GAUTIER ET Cie pour on exposition **une Médaille d'Or**.

Maison GUILLON et Fils

Constructeurs, à Châteauroux (Indre).

La Maison Guillon et Fils s'est spécialisée dans la constructio des machines à vapeur fixes, demi-fixes, locomobiles et dans l construction des batteuses à grains.

A Milan, elle exposait :

Son modèle de *Batteuse à graines fourragères* (dernier modèl breveté S.G.D.G.)

Cette batteuse est la plus simple et la meilleure qui ait par jusqu'à ce jour.

Elle donne un rendement de 1 à 4 hectolitres à l'heure d graines propres à vendre au marché.

Quatre personnes suffisent à l'alimenter. Sa largeur intérieur est de 1 m.40.

Avec une locomobile de 5 à 6 chevaux, elle peut faire un travai parfait.

Le Jury international accorde à la Maison Guillon et Fils un ***Médaille d'Or***.

Maison LACROIX (A.) et Cie

Constructeurs, à Caen (Calvados).

La Maison LACROIX (A.) ET Cie, anciennement GARAT ET LACROIX, fut fondée en 1829. Elle s'occupe de la construction des *Pressoirs* à cidre et à vin, *Instruments de Pesage*, *Machines agricoles* et de *Moteurs à pétrole* et à air chaud, etc.

A Milan, la Maison LACROIX ET Cie exposait des *Moteurs verticaux à pétrole et à essence* du type industriel, fonctionnant à faible vitesse (260 à 300 tours par minute) avec volants équilibrés et paliers graisseurs.

Ces constructeurs se sont particulièrement attachés à établir des machines simples et robustes pouvant être confiées à des gens peu expérimentés; aussi, ces moteurs paraissent bien répondre aux besoins des agriculteurs, et conviennent tout spécialement pour actionner des moto-batteuses.

Plusieurs moteurs de cette Maison figuraient d'ailleurs dans la section italienne, installés sur des batteuses construites par le représentant, en Italie, de la Maison LACROIX ET Cie.

Le Jury international accorde à cette Maison une ***Médaille d'Or***.

Maison MARLIN

Constructeur, 193, rue de l'Université, Paris.

La Maison Marlin, 193, rue de l'Université, Paris, s'occupe spécialement de la construction des *Appareils de levage*, de pesage, et de celle des *Pompes*, Articles de caves divers, etc ..

A Milan, cette Maison exposait :

Une *Romaine Bascule* « Marlin » au 100e sur tréteau.

Cet appareil sert spécialement pour le pesage des fûts, mais on peut lui adapter un plateau ce qui permet ainsi le pesage de tous les fardeaux et de toutes les marchandises.

Cet appareil, très léger, et se démontant très facilement est en outre muni d'un dispositif qui permet de peser en tous lieux.

Un *Chargeur-Gerbeur* « Marlin » pour le chargement ou le déchargement, gerbage ou dégerbage des fûts ou lourds fardeaux. Par ses dispositifs spéciaux, cet appareil permet à un homme seul, sans fatigue et sans aucun danger, la manutention des fûts et fardeaux atteignant jusqu'à 1.000 kilogrammes.

Cet appareil offre ainsi de très grands avantages, et entre autres ceux de diminuer et d'économiser la main-d'œuvre, mais d'éloigner et même d'éviter les dangers.

Une *Chèvre* « Marlin » démontable pour les descentes des fûts en cave et pour monter aussi tous les fardeaux.

Un *Pont à gerber* « Marlin » à croisillons articulés servant à faire passer les fûts de l'un sur l'autre.

Un *petit Treuil* « Marlin » soulève-fûts servant à soulever doucement le fût par derrière, ce qui évite le mélange de la lie et du liquide dans les soutirages.

Depuis l'Exposition de 1889, où tous les appareils Marlin, 193, rue de l'Université, à Paris, étaient exposés pour la première fois, ils ont obtenu partout aux Expositions Universelles : de Paris 1889, 1900, Liège 1905, Milan 1906, Vienne 1890, nombre de Médailles d'Or et Diplômes d'Honneur.

A Milan, le Jury international accorde à cette Maison une ***Médaille d'Or***.

Maison MEUNIER Fils

Constructeur-Mécanicien, à Lyon (Rhône).

Cette Maison fut fondée en 1840 et s'est aussitôt spécialisée dans la construction du matériel vinicole, au point que dès 1861, elle obtenait au Concours de Lyon le premier prix, Médaille d'Or pour *pressoirs et vis de pressoirs*.

Elle occupe 80 ouvriers environ, et avec ses nombreuses machines-outils perfectionnées obtient une production annuelle d'environ 1.800 pressoirs, 1.500 fouloirs, de nombreux égrappoirs, égouttoirs, grues, broyeurs, élévateurs, chariots transporteurs, etc., qui composent le matériel vinicole formant la base de la fabrication spéciale de cette Maison.

A Milan, c'est donc encore une exposition de *Pressoirs* à vins fixes et roulants, Appareils de serrage au levier à bras, Appareils au moteur avec charge remontante et fonctionnement automatique; Fouloirs, Égrappoirs, Égouttoirs, Installation mécanique de chaix; en un mot, de matériel vinicole avec addition de matériel d'huilerie : Presse à huile et Broyeur que la Maison MEUNIER FILS a présentée.

A l'occasion de l'exposition, elle créa en outre un dépôt qui, centralisant dans une agence générale toutes ses affaires d'Italie, lui a donné depuis les meilleurs résultats en augmentant chaque année son chiffre d'affaires dans cette région.

Le Jury international accorde à cette Maison une ***Médaille d'Or***.

Maison LEGRAND de MERCEY

Inventeur-Constructeur, au Château de Mercey,
à Montbellet (Saône-et-Loire).

M. le Baron Legrand de Mercey s'occupe de la fabrication des appareils pour la saturation des liquides par les gaz.

Il exposait à Milan des Appareils pour la fabrication instantanée des vins mousseux « *Le Moussogène* ».

L'appareil est basé sur la saturation des liquides en couches minces, et à grande surface. La bouteille est stérilisée par l'appareil avant l'introduction du liquide. Il ne peut ainsi y avoir aucun contact avec l'oxygène de l'air, qui occasionne tous les troubles dans les vins gazéifiés.

Le Jury accorde à M. Legrand de Mercey une ***Médaille d'Or***.

SOCIÉTÉ DES AVICULTEURS FRANÇAIS

Siège Social : 46, rue Bac, Paris.

La Société des Aviculteurs Français a pour but la propagation du goût de l'aviculture, des meilleures méthodes d'élevage, du maintien des races pures et de l'amélioration des animaux de basse-cour en général.

Elle exposait à Milan le plan d'une Installation pratique pour l'élevage industriel des poussins.

Ce plan était conçu d'après les règles les plus précises de l'hygiène pour faciliter l'élevage, et économiser le plus possible la peine, le temps et la dépense.

Le Président de cette Société est M. le Duc Féry d'Esclands.

Le Jury décerne à la Société des Aviculteurs Français une ***Médaille d'Or***.

MÉDAILLES D'ARGENT.

Maison BENCE (A.)

Constructeur-Mécanicien, à Caen (Calvados).

La Maison Bence (A.) s'occupe de la construction de matériel agricole : Moissonneuses, Faucheuses, Râteaux; de Machines à vapeur, à gaz et à pétrole, de Moulins à vent et Pompes.

Elle s'occupe également de lumière électrique, transports de force, etc.

A Milan, cette Maison a présenté un Appareil à acétylène pour les exploitations agricoles, appareil permettant d'une façon très économique d'éclairer l'ensemble d'une exploitation.

Le spécimen exposé offrait cet avantage de n'attaquer du carbure qu'au fur et à mesure des besoins du moment, ce qui évite toute surproduction. Toutes les fermetures sont hydrauliques, ce qui évite toute espèce de perte de gaz. Le réglage en est entièrement automatique. La manipulation est très facile et ne souffre aucun danger.

Ces appareils se recommandent en outre par leur bon fonctionnement et leur économie.

Le Jury international accorde à la Maison Bence une ***Médaille d'Argent***.

Maison BRETON-GRELIER

Constructeur, à Meung-sur-Loire (Loiret).

Cette Maison fut fondée en 1873, et s'occupe de la construction d'instruments agricoles et viticoles.

Depuis sa fondation, elle a pris part à différents Concours et Expositions, et sa participation lui valut nombre Médailles d'Or et Argent, et notamment Médailles d'Or à Orléans 1884 et 1894, et Médaille d'Argent à l'Exposition de 1900.

M. Breton-Grelier est Officier du Mérite Agricole et Officier du Medjidié de Turquie.

A Milan, cette Maison exposait :

Un *Corps de houe*, s'adaptant sous l'âge de la charrue à levier.

Trois *Houes* en acier creux, à socs et lames interchangeables.

Trois *Charrues* vigneronnes en acier et à levier. Ce système est très apprécié, vu la facilité de donner l'entrée à la charrue ou la houe sans se déranger des mancherons.

Une *Houe* en acier creux à socs et lames sans levier ; un Butteur à levier ; une Charrue arrache-pommes de terre, à levier, à deux roues ; un Paroir à allées de parcs ; un Corps versoir acier et un Corps butteur à versoirs mobiles, tous deux s'adaptant sous l'âge de la charrue à levier.

Le Jury international accorde à la Maison Breton-Grelier une ***Médaille d'Argent.***

Maison CARUELLE et CHÊNE

Constructeurs, à Origny-Sainte-Benoîte (Aisne).

Cette Maison expose à Milan :

Deux Appareils d'élévateurs d'eau de modèles différents :

1° Appareil à tampons à vidange s'opérant par débordement.

2° Appareil à « cloche mobile » avec seaux de 22 litres et engrenages réducteurs de l'effort.

La Maison Caruelle et Chêne est l'une des premières qui ait construit l'élévateur à deux seaux lourds et équilibrés. Ils ont été exposés pour la première fois en 1900.

Depuis cette époque, la Maison a apporté d'importantes modifications dans sa construction.

A Milan, les appareils exposés étaient montés avec coussinets à rouleaux à bains d'huile.

Cette Maison a remporté dans les Expositions de nombreuses récompenses, et notamment à Liège (1905) une Médaille d'Argent.

Le Jury international accorde à la Maison Caruelle et Chêne une ***Médaille d'Argent***.

Maison CHERTIER Père et Fils

Constructeurs, à Orléans.

La Maison Chertier a été fondée par le titulaire actuel. Elle s'occupe de la fabrication de produits insecticides, spécialement destinés à l'agriculture.

Les Pulvérisateurs spéciaux qui sont exposés, sont également de la construction de la Maison.

MM. Chertier prennent part à tous les Concours agricoles et à l'Exposition de 1900, ils ont obtenu une Médaille de Bronze.

Le Jury international leur accorde une ***Médaille d'Argent***.

Maison LE BRETON (G.)

Constructeur, 5, rue Gounod, Paris.

La Maison Le Breton qui s'occupe spécialement de la construction de vannes, exposait à Milan divers modèles de sa construction :

Vannes à boulet à plateau s'installant sur socle en maçonnerie, ou sur tuyaux de raccord de conduite, vanne barrage portative, vannes à plateau, vannes siphon.

Elle exposait en outre *les Vannes glissières*, modèles très répandus, et *les Vannes plateau glissières* qu'elle a créées, et qui sont destinées aux réservoirs, *laveurs*, etc.

Le Jury international accorde à la Maison Le Breton ***une Médaille d'Argent.***

Maison PRAT et BLANC

Constructeurs, à Grenoble (Isère).

La Maison Prat et Blanc de Grenoble (Prat et Chevalier successeurs) exposait des *Charrues Brabants* de divers systèmes brevetés. Ces instruments étaient remarquables par la simplicité de leur réglage, de leur construction. Les roues sont portées à l'avant pour le terrage par un système de vis horizontale avec ressort amortisseur, ou une crémaillère semblable un peu à celle des houes canadiennes.

Le réglage peut se faire également à l'arrière en marche, sans arrêter les bêtes par un chien tombant également sur une crémaillère.

La Maison exposait également des *Charrues âge bois*, dites doubles socs, parce qu'elles ont la facilité de se retourner comme la brabant tout acier. Ces charrues peuvent en outre recevoir une bineuse 5 socs, un butteur et un arracheur de pommes de terre.

Pour les foins, la Maison exposait des *Râteaux faneurs* à bras très pratiques.

L'exposition comprenait en outre un Appareil à labourer les vignes en remontant les coteaux.

Tous ces instruments étaient remarquables par leur simplicité et leur prix réduit.

Le Jury international accorde à la Maison Prat et Blanc ***une Médaille d'Argent.***

Maison RENARD (Abel) Fils

Constructeur, à Auxerre (Yonne).

Fils de M. Renard (Célestin), constructeur de Charrues vigneronnes, à Yéry (Yonne), successeur de M. Baillot à Auxerre, également constructeur de charrues vigneronnes, M. Renard (Abel) Fils a transformé ses ateliers en les montant mécaniquement.

A Milan, il exposait divers modèles de *Charrues vigneronnes* ordinaires pour plantations à petites distances : *charrue buttoir*, *charrue débuttoir*, *charrue bineuse*, *charrue extirpateur 9 pointes*.

Il exposait également pour la première fois sa nouvelle *charrue* brevetée « Idéale » avec avant-train fixe et mobile à inclinaison variable spéciale pour tous genres de plantation, qui est montée avec les derniers perfectionnements.

Les divers modèles de charrues de cette Maison peuvent se démonter en plusieurs pièces, ce qui les rend très pratiques pour l'exportation.

La Maison Renard Fils a en outre pris part à diverses Expositions, et sa participation lui valut notamment aux Expositions Universelles de Paris 1889 et 1900, Médailles d'Or et de Vermeil.

A Milan, le Jury international accorde à cette Maison ***une Médaille d'Argent***.

Maison THOMÉ (E). Fils et Cromback

Constructeurs, à Nouzon (Ardennes).

A Milan, cette Maison exposait :

Son modèle de *Râteau à cheval* « le Sanglier » dont elle s'est fait une spécialité depuis déjà longtemps.

Le Jury international lui accorde ***une Médaille d'Argent***.

TROISIÈME PARTIE

PALMARÈS OFFICIEL

EXPOSITION DE MILAN

SECTION H

AGRICULTURE

Groupe 62.

Matériel et procédés des exploitations rurales

MEMBRES DU JURY

Président : M. Senet (Adrien) Ingénieur-Constructeur, à Paris.

Vice-Président : M. Hidien (Auguste), Constructeur, à Châteauroux (Indre).

Rapporteur : M. Marot, Constructeur, à Niort (Deux-Sèvres).

Secrétaire : M. Lefebvre-Albaret, Administrateur-Directeur de la Société anonyme des Anciens Établissements Albaret à Rantigny (Oise).

Membres : MM. Puzenat (Émile), Ingénieur-Constructeur, à Bourbon-Lancy.

Vermorel, Ingénieur-Constructeur, à Villefranche (Rhône).

Liste des exposants qui, en leur qualité de Juré, sont mis Hors Concours.

MM. HIDIEN (A.) Constructeur, à Châteauroux (Indre).
LEFEBVRE-ALBARET, Constructeur, à Rantigny (Oise).
MAROT (Émile), Constructeur, à Niort (Deux-Sèvres).
PUZENAT (Émile), Ingénieur-Constructeur, à Bourbon-Lancy.
SENET (Adrien), Ingénieur-Constructeur, à Paris.
VERMOREL, Constructeur, à Villefranche (Rhône).

DIPLÔMES DE GRAND PRIX.

MM. AUBERT, Constructeur, à Paris.
BAJAC, Ingénieur-Constructeur, à Liancourt (Oise).
BARIAT, Constructeur, à Chaulnes (Somme).
CHALIGNY ET Cie, Constructeurs, à Paris-La Chapelle.
Chambre Syndicale des Patrons Maréchaux Ferrants de Paris.
CLERT, Constructeur, à Niort (Deux-Sèvres).
DARD, Constructeur, à Paris.
DARLEY-RENAULT, Constructeur, à Nemours (Seine-et-Marne).
DOUANE, Ingénieur Constructeur, à Paris.
DURAFORT ET FILS, à Paris.
FRUHINSHOLZ (Adolphe), à Nancy (Meurthe-et-Moselle).
GAULIN (A.), Constructeur, à Paris.
GAUTREAU, Ingénieur Constructeur, à Dourdan (Seine-et-Oise).
GUICHARD, Constructeur, à Lieusaint (Seine-et-Marne).
HALLAM DE NITTIS (Maison Edeline), à Puteaux.
KRIEG ET ZIVY, Ingénieurs, à Montrouge.
MABILLE, Constructeur, à Amboise (Indre-et-Loire).

MM. MAGNIER-BÉDU, Constructeur, à Groslay (Seine-et-Oise).
MARMONNIER FILS, Constructeur, à Lyon (Rhône).
PINCHART-DENIS (L.), Ingénieur Constructeur, à Paris.
SIMON FRÈRES, Ingénieurs Constructeurs, à Cherbourg (Manche).
Société des Établissements Egrot, à Paris.
THIRION (H.) Constructeur, à Paris.
VIDAL-BEAUME, Constructeur, à Boulogne-sur-Seine.

DIPLÔMES D'HONNEUR.

MM. BARBOU FILS, Constructeur, à Paris.
BEAUPRÉ, Ingénieur Constructeur, à Montereau (Seine-et-Marne).
GOUGIS, Constructeur, à Auneau (Eure-et-Loir).
GUILLEBEAUD, Constructeur, à Angoulême (Charente).
LAPOINTE ET DERAIN, Constructeurs, à Paris.
MAHOT (E.), Constructeur, à Ham (Somme).
SOUCHU-PINET, Constructeur, à Langeais (Indre-et-Loire).
Syndicat agricole du Gard, à Nîmes (Gard).
THOMAS ET NORMAND, Constructeurs, à Mantes-sur-Seine.
VOITELLIER, 27, boulevard Saint-Michel, à Paris.

DIPLÔMES DE MÉDAILLE D'OR.

MM. BESNARD, MARIS ET ANTOINE, Ingénieurs Constructeurs, à Paris.
BEUSNIER, Constructeur, à Saint-Cloud (Seine).
BILLIOUD, Ingénieur Constructeur, à Paris.
CARAMIJA FRÈRES, Constructeurs, à Paris.

MM. Chaussadent, à Moissy-Cramayel (Seine-et-Marne).
Cauchepin (L.), Constructeur, à Bernay (Eure).
Denis (Louis), Constructeur, à Brou (Eure-et-Loir).
Dumaine (A.), à Moissy-Cramayel (Seine-et-Marne).
Fontaine-Souverain, Constructeur, à Dijon (Côte-d'Or).
Fouché (Frédéric), Constructeur, à Paris.
Gautier et Cie, Ingénieurs-Constructeurs, à Quimperlé (Finistère).
Guyon, Constructeur, à Châteauroux (Indre).
Lacroix et Cie, Constructeurs, à Caen (Calvados).
Legrand de Mercey, Château de Montbellet (Saône-et-Loire).
Marlin (Edmond), Constructeur, à Paris.
Meunier Fils, Constructeur à Lyon (Rhône).
Société des Aviculteurs Français, à Paris.

DIPLÔMES DE MÉDAILLE D'ARGENT.

MM. Bence (A.), Constructeur, à Caen (Calvados).
Breton-Gralier, Constructeur, à Meung-sur-Loire (Loiret).
Caruelle et Chêne, Constructeurs, à Origny-Ste-Benoîte (Aisne).
Chertier Père et Fils, à Orléans (Loiret).
Le Breton (G.), Constructeur, à Paris.
Prat et Blanc, Constructeurs, à Grenoble (Isère).
Renard Fils, Constructeur, à Auxerre (Yonne).
Thomé Fils et Cromback, Constructeurs, à Nouzon. (Ardennes).

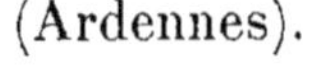

TABLE DES MATIÈRES

PREMIÈRE PARTIE. — Historique de l'Exposition.

DEUXIÈME PARTIE. — Rapport du Jury. — Membres du Jury.

HORS CONCOURS.

GRANDS PRIX.

DIPLÔMES D'HONNEUR.

MÉDAILLES D'OR.

MÉDAILLES D'ARGENT.

www.ingramcontent.com/pod-product-compliance
Ingram Content Group UK Ltd.
Pitfield, Milton Keynes, MK11 3LW, UK
UKHW021110200726
13857UKWH00003B/1165